U0285960

UI设计精品必修课

常丽　李才应◇编著

清华大学出版社
北京

内容简介

本书是花瓣网人气设计师、UEGOOD学院雪姐倾情打造的关于UI设计的核心教材，书中结合作者丰富的工作经验，从零开始全面阐述UI设计的技术、方法、流程与标准。

全书共18章，第1～3章介绍UI设计基础，包括认识UI设计，UI设计师职业发展规划、收入、涉及软件及项目流程；第4章和第5章讲解UI设计原则、图标设计规范等；第6～10章介绍App产品定义及竞品分析、配色、交互线框布局设计、规范、切图，以及7种常见App实例讲解；第11～15章讲解网站UI设计相关内容，包括通用模块版式、网站设计风格、规范、控件、响应式与栅格化、4大类网站的功能模块与布局；第16章讲解平面版式设计、折页、宣传手册、VI设计、LOGO设计等；第17章讲解运营设计；第18章讲解UEGOOD学院的UI作品集和常见面试40题。

本书除赠送相关扩展视频、教学用PPT课件以及全书案例素材文件外，还有专业团队为读者答疑解惑，方便读者学习。

本书不仅适合从事UI视觉设计、GUI设计、平面设计、交互设计、用户体验等专业的朋友阅读，也可以作为高等院校平面设计、网站设计、艺术设计、工业设计、游戏设计等相关专业的教辅图书及相关培训机构的参考图书。

图书在版编目（CIP）数据

UI设计精品必修课 / 常丽, 李才应编著. —北京：清华大学出版社，2019（2022.8 重印）

ISBN 978-7-302-53867-7

Ⅰ. ①U… Ⅱ. ①常… ②李… Ⅲ. ①人机界面－程序设计 Ⅳ. ①TP311.1

中国版本图书馆CIP数据核字（2019）第207017号

责任编辑：张　敏
封面设计：杨玉兰
责任校对：徐俊伟
责任印制：丛怀宇

出版发行：清华大学出版社
网　　址：http://www.tup.com.cn，http://www.wqbook.com
地　　址：北京清华大学学研大厦A座　　邮　　编：100084
社 总 机：010-83470000　　邮　　购：010-62786544
投稿与读者服务：010-62776969，c-service@tup.tsinghua.edu.cn
质量反馈：010-62772015，zhiliang@tup.tsinghua.edu.cn
印 装 者：北京博海升彩色印刷有限公司
经　　销：全国新华书店
开　　本：170mm×240mm　　印　　张：12　　字　　数：256千字
版　　次：2019年11月第1版　　印　　次：2022年8月第5次印刷
定　　价：79.80元

产品编号：082118-01

编委会

前言
PREFACE

随着互联网的高速发展，人工智能技术的推动，再加上全链路视觉营销理念的潜移默化与深度普及，越来越多的人重视用户界面（UI）设计。就待遇而言，UI设计师依然是整个设计行业的香饽饽。

但是，许多人以为UI设计师就是用户界面设计师。User Interface嘛，谁不知道。实际上，Interface（界面）只是设计师的一部分工作，UI设计师的核心在于“User”。

在苹果、Airbnb这些公司是没有UI、交互等分类的，其设计师只有一个名称，那就是用户体验（UX）设计师。真正的UI设计师，都要经历用户研究、竞品分析、产品定位、方案制订、原型制作，还有可用性测试这些过程，而不仅仅是单纯的界面设计。

技法是基础，但要继续提升还需要很多复合型的成长，包括对产品、交互、开发的理解，沟通、推动的能力，对数据的敏感性，对品牌、创意的认知，对用户研究方法的认知。这些都是设计师可以发挥的点，也是一个优秀的设计师应具备的专业思考和理解能力。

许多初级的UI设计师往往会忽略用户体验而追求界面设计的华美，认为好看的界面就会受到欢迎。其实这是一种本末倒置的做法。

我们暂且不说大公司的UX和UI设计师，当前90%的公司，都希望UI设计师掌握系统的UX及产品交互全流程设计。

UI即User Interface（用户界面）的简称。

UI设计是指对软件的人机交互、操作逻辑、界面美观的整体设计。

UI设计主要包括视觉设计、交互设计、用户体验3部分。

本书用一种新的思路和方式来阐述UI设计的必修课内容，包括技术、方法、流程与标准；从零开始，详细地讲解与UI设计有关的实用知识，可读性强，注重逻辑思维培养和从用户需求角度来考虑产品功能，帮助读者快速地建立起自己的UI设计知识框架。同时，本书弥补了市场上相关优秀书籍缺乏的现状，不仅讲解了UI设计的视觉、用户体验、交互设计等方面的知识，还安排了大量篇幅讲解工作中 UED（用户体验设计中心）团队、UI 设计师职业发展规划、UI 设计师收入、UI 设计师面试的常见问题等。全书具体内容如下。

第 1 章主要从 UI 设计概念讲起，详细介绍了公司 UED 的组成、UI 设计师职业发展规划、UI 设计师的收入，帮助初学者建立对 UI 设计的基本认识。

第 2 章主要阐述 UI 设计的风格、应用领域，以及 5G 带来的一些机遇。

第 3 章主要讲解有关 UI 设计的近 10 款软件，项目资源管理与互联网产品开发项目流程。

第 4 章和第 5 章主要讲解 UI 设计原则、图标概念设计、图标设计规范、手机系统与 App 的图标设计、iOS 图标设计规范等。

第 6 章主要讲解 App 的概念、分类、产品定义、产品需求、竞品分析、用户画像、用户需求、开发版本的功能优先级等。

第 7 ～ 10 章主要讲解 App UI 的配色、交互线框布局设计、规范、切图适配，以及 7 种常见 App 实例讲解。

第 11 ～ 15 章主要讲解网站 UI 设计相关内容，包括通用模块版式、网站设计风格、网页 UI 设计规范、网站公共控件与交互事件、响应式网页设计与栅格化、4 大类网站的功能模块与布局。

第 16 章主要讲解平面版式设计、折页、宣传手册、VI 设计，以及 LOGO 的设计等。

第 17 章主要讲解运营字体设计、BANNER 版式设计、启动页设计、H5 推广活动页设计、弹窗设计、MG 交互动效设计，以及吉祥物的设计等。

第 18 章主要展示 UEGOOD 学院的一些优秀学员作品，以及非常实用的 UI 设计常见面试 40 题等。

本书赠送的扩展视频、教学用 PPT 课件、全书案例素材文件以及 UI 常见面试 40 题答案均可通过读者服务 QQ 群（779862587）获取。

在本书的编写过程中，我们尽可能地将最好的讲解呈现给读者，但也难免有疏漏和不妥之处，敬请读者不吝指正。

目录
CONTENTS

第1章 认识 UI 设计及 UED 部门

1.1 UI 设计概念

UI 即 User Interface（用户界面）的简称。

UI 设计则是指对软件的人机交互、操作逻辑、界面美观的整体设计。好的 UI 设计不仅让软件变得有个性、有品位，还让软件的操作变得舒适、简单、自由，充分体现软件的定位和特点，如图 1-1 所示。

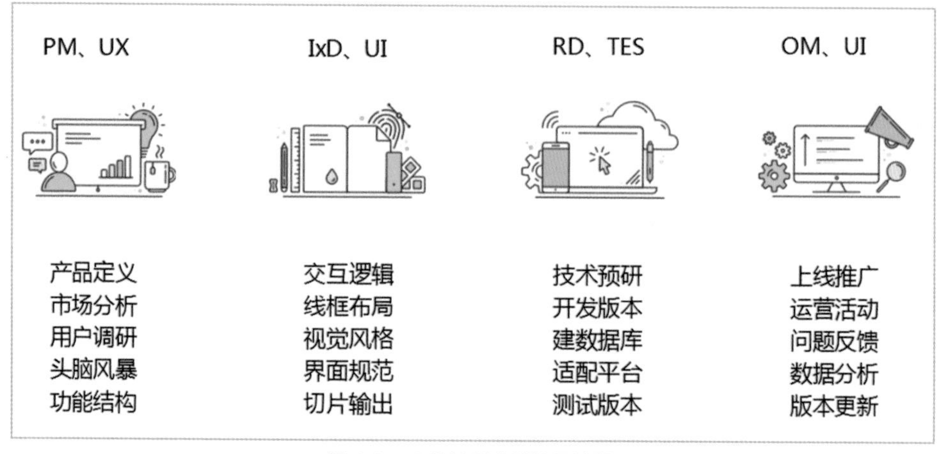

图 1-1　UI 设计相关岗位及流程

UI 主要分为三大块：视觉设计、交互设计和用户体验。

如果把一款软件产品比作一个美女的话，视觉就是一个美女的化妆和打扮，交互就是一个美女的五官位置及骨骼体态，用户体验就是美女是否善解人意、功能贴心、易用好用等。

视觉 UI 设计，又被称为图形用户界面（Graphical User Interface，简称 GUI，又称图形用户接口），主要解决软件产品风格，例如商务风的、女性化的等，对图标及元素进行尺寸及风格上的美化，在产品的功能辨识性及控件统一性、美观性上进行设计。

交互 UI 设计，又被称为 IxD（Interaction Design 的缩写），是定义、设计人造系统的行为的设计领域，主要解决页面跳转逻辑、操作流程、信息架构、功能页面布局、事件反馈、控件状态等问题。

用户体验设计，又被称为 UXD（User Experience Design），是贯穿于整个设计流程，以调研挖掘用户真实需求，认识用户真实期望和内在心理及行为逻辑的一套方法。用户体验设计是使用数据建模测试等手法来辅助提升软件产品的易用性、用户黏性和用户好感度的一种综合工作方法。

1.2　UED 团队的组成

互联网公司的 UED 团队组成成员如下。

- UI 设计师：User Interface Designer。
- 交互设计师：Interaction Designer。
- 视觉设计师：Visual Designer。
- 用户研究员：User Researcher。
- 用户体验设计师：User Experience Designer。
- 产品经理：Product Manager。
- 项目经理：Program Manager。
- 前端工程师：Front End Developer。
- 原型架构师：UI Prototyper。
- 内容设计师：Content Designer。
- 运营设计师：Operations Designer。

如图 1-2 所示为 UED 团队组成成员。

图 1-2　UED 团队组成成员

1.3　UI 设计师职业发展规划

UI 设计师分成两种路线，第一种是视觉设计做到底竖向发展的 UI 设计师，第二种是横向发展的设计师。两种设计师的技能轴模式是不一样的，按每个人的性格及志向，两种设计师在行业中都十分受欢迎。

1. 新手 UI 设计师

熟悉操作基本的 UI 绘制软件，如 Photoshop、Adobe Illustrator、Sketch 和 Adobe XD 等，能按照产品交互提供的线框图绘制 UI 视觉；能按照功能绘制相对的图标，知道图标的尺寸规范、配色统一性等，能很好地诠释图标的功能寓意；能按照每个平台绘制适合这个平台的 UI 控件，能准确地切图、标注坐标及字号，能按产品定义绘制界面风格、元素图标，着重软件及视觉表现，辅助资深设计师做一些简单的界面设计。

2. 进阶 UI 设计师

在新手 UI 的基础上，有一定的沟通能力及项目经验，知道如何凸显界面上的信息层级，做出来的界面成熟、层级清晰、有节奏感、赏心悦目；能较好地把握流行趋势，擅长多种风格表达，有一定的自我设计认知及设计偏好；开始研究产品定义及用户体验对界面的影响，能保质保量完成部分模块的界面设计和切图交付；开始着手于更多的软件，如交互动效类、交互线框原型类的软件的探索及使用。

3. 高级 UI 设计师

能够独立完成落地一个软件产品的整体设计，设计出符合此产品风格，且兼顾当下 UI 流行趋势的设计；经历过 App、网页、运营、PC、平面视觉等多种项目，能独立完成产品从 0 到 1 的线框原型，熟悉各种 UI 设计规范；其本身除了视觉设计，还有交互动效、3D 表现、运营插画、HTML5、CSS3 等各种附加技能。

4. 资深 UI 设计师

除了能很好地完成软件的整体设计外，还能很好地与客户及产品经理、总监、程序员沟通，理解产品需求，对软件整体框架、交互操作流程有整体认识，而不仅仅以好看不好看作为一个产品 UI 设计的评判标准；会按公司能力和项目时间，合理地调配设计时间、资源并输出方案；会竞品分析，会多种用户体验调研手法来佐证自己的设计，会加入自己项目的后续上线测试及迭代中，懂得使用数据及调研驱动设计升级，熟悉程序开发框架。

5. 首席 UI 设计师

把握公司产品的整体设计方向，深入了解公司业务流程，订立设计标准及规范，主要是视觉建议 UI 规范文档，做出公司产品强有力传播价值的设计风格；参加 UX、UI 方面展会论坛，实现公司设计价值输出。

6. UI 设计总监

对接客户及公司高层，协调公司的设计资源，管理项目资源，建设设计团队，积极推动项目进展，及总结报告向高层及客户汇报。

竖向发展的 UI 设计师技能如下。

1）UI 视觉设计。

2）产品交互架构。

3）用户体验方法。

4）产品项目管理。

5）代码框架设计。

6）运营插画设计。

7）动效原型表现。

8）数据调研分析。

多管齐下提升以上 8 个技能，甚至将来跨专业，直接转型成为产品经理、交互设计、用户体验设计、创业公司合伙人、数据分析师、前端等。如图 1-3 所示为 UI 设计师技能。

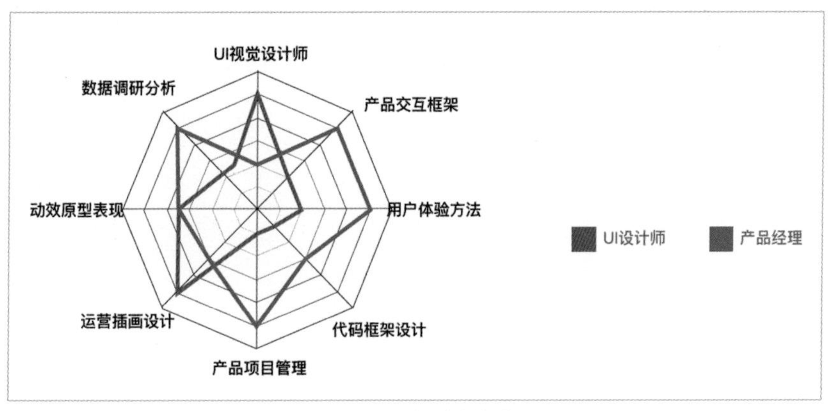

图 1-3　UI 设计师技能

1.4　UI 设计师收入

1）1 ～ 2 年初级设计师，基本收入在 6 ～ 8k，优秀的可以超过 8k。

2）2 ～ 3 年中级设计师，基本收入在 8 ～ 12k，优秀的可以超过 12k。

3）3 ～ 5 年资深设计师，基本收入在 12 ～ 15k，优秀的可以超过 15k。

4）5 年以上高级设计师，基本收入在 15 ～ 30k，优秀的可以超过 30k。

5）首席设计师，基本收入在 20 ～ 50k，优秀的可以超过 50k。

如图 1-4 所示为 UI 设计师收入。

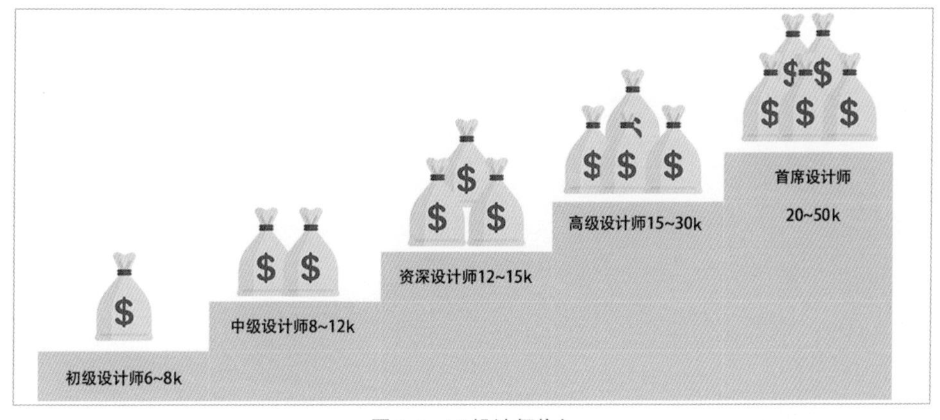

图 1-4　UI 设计师收入

第2章 UI设计发展史及未来

2.1　UI 的风格演变

因电脑和移动终端的性能、屏幕适配设计成本及大众审美的变迁，GUI 视觉风格也经过了多次变迁。

以电脑为载体的 GUI 变迁如下。

第一阶段：1975—1985，风格偏黑白像素。

第二阶段：1980—1995，风格偏彩色像素。

第三阶段：1995—2008，风格偏水晶拟物。

第四阶段：2008—2013，风格偏 3D 立体水晶。

第五阶段：2013 年至今， 风格偏扁平微质感，流畅的交互动效。

未来：以 3D 空间 UI 为导向的，全息立体 VR、AR 虚拟现实，现实增强。

如图 2-1 所示为电脑 UI 发展史图例。

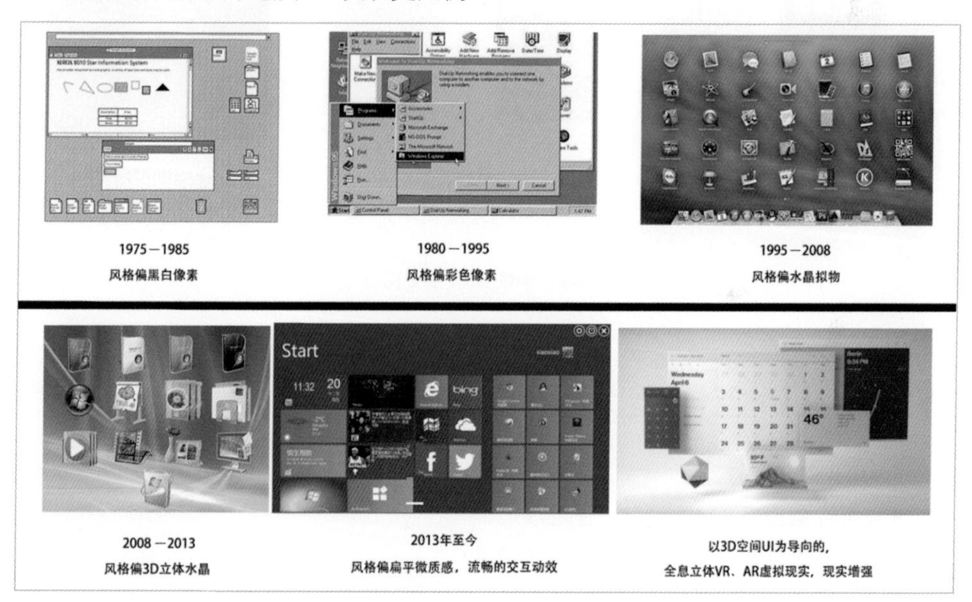

图 2-1　电脑 UI 发展史图例

以手机为载体的 GUI 变迁如下。

第一阶段：1976—1998，风格偏黑白像素。

第二阶段：1998—2003，风格偏彩色像素。

第三阶段：2003—2007，风格偏 3D 立体水晶。

第四阶段：2008—2013，风格偏拟物质感。

第五阶段：2013 年至今，风格偏扁平微质感，流畅的交互动效。

未来：以 3D 空间 UI 为导向的，全息立体 VR、AR 虚拟现实，现实增强。

如图 2-2 所示为手机 UI 发展史图例。

1976–1998
风格偏黑白像素

1998 – 2003
风格偏彩色像素

2003 – 2007
风格偏3D立体水晶

2008 – 2013
风格偏拟物质感

2013年至今
风格偏扁平微质感，流畅的交互动效

以3D空间UI为导向的，
全息立体VR、AR虚拟现实，现实增强

图 2-2　手机 UI 发展史图例

2.2　UI 设计应用领域

UI 应用领域如下。

- 可穿戴设备的 UI 设计（图 2-3）。
- 智能家居显示屏的 UI 设计（图 2-4）。
- 手机 App 的 UI 设计（图 2-5）。
- 医疗器械的 UI 设计（图 2-6）。
- PC 端的 UI 设计（图 2-7）。
- 网页 Web 的 UI 设计（图 2-8）。
- 游戏的 UI 设计。
- 嵌入式设备的 UI 设计。
- 虚拟现实设备的 UI 设计。
- 现实增强设备的 UI 设计。

图 2-3　可穿戴设备的 UI 应用领域

- 交互式触摸导航的 UI 设计。
- 各种家用电器的 UI 设计。
- 汽车 GPS 导航的 UI 设计。
- 飞机及科技产品的 UI 设计。

（a）

（b）

图 2-4　智能家居显示屏的 UI 应用领域

图 2-5　手机 App 的 UI 应用领域

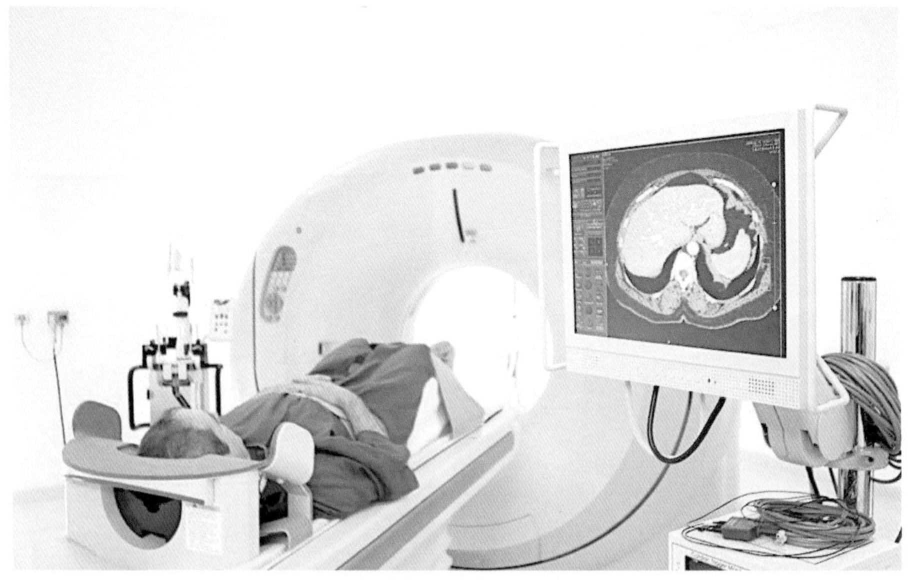

图 2-6　医疗器械的 UI 应用领域

图 2-7　PC 端的 UI 应用领域

（a）　　　　　　　　（b）

图 2-8　网页 Web 的应用领域

◆ 2.3 UI 的未来——5G 带来的机遇

5G 通信时代会给以下产业方向带来机遇。

1）移动硬盘，云盘，高清电视 8K 屏，高清视频内容提供方，VR、AR 类视频应用（图 2-9）。

2）VR、AR 购物和物联网（图 2-10）、智能家居（图 2-11）、语音控制家居、居家机器人、家庭娱乐系统。

3）通信基站、迷你微基站、手机硬件、芯片和电池、系统优化、柔性屏。

4）云计算、汽车 GPS 导航（图 2-12）、无人驾驶、无人送货、运输机器人、送货上门 App、仓储、营销、供应链。

5）工业互联网、云端制造、提升产能、自动化机器人、3D 打印定制。

6）商业、服务业、人脸识别（图 2-13）、智能气象预测及 AR 表现（图 2-14）、读唇、机器学习、识图。

7）医药研发、基因排查、智能看护、远程问诊（图 2-15）、人工器官。

8）智能农业、无人机洒农药、立体农场。

9）智能虚拟货币、区块链、版权申报、自动金融系统、投资风险分析、会计出纳。

10）人工智能机器人、同声翻译棒、生活辅助系统（如盲人识图系统）。

（a）

（b）

图 2-9　VR、AR 类视频应用

（c）

图 2-9　VR、AR 类视频应用（续）

（a）

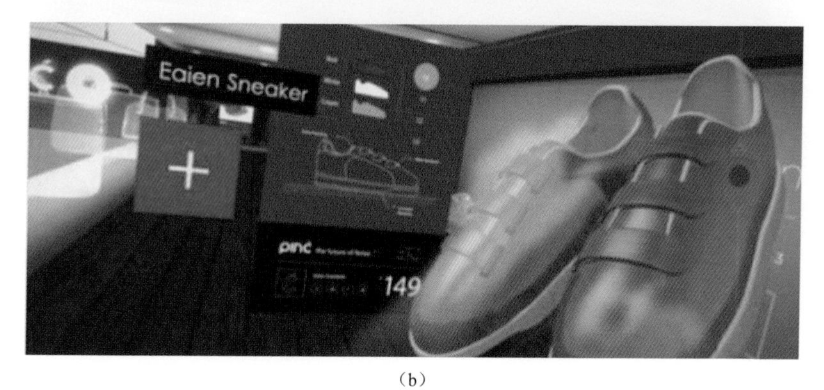

（b）

图 2-10　VR、AR 购物和物联网

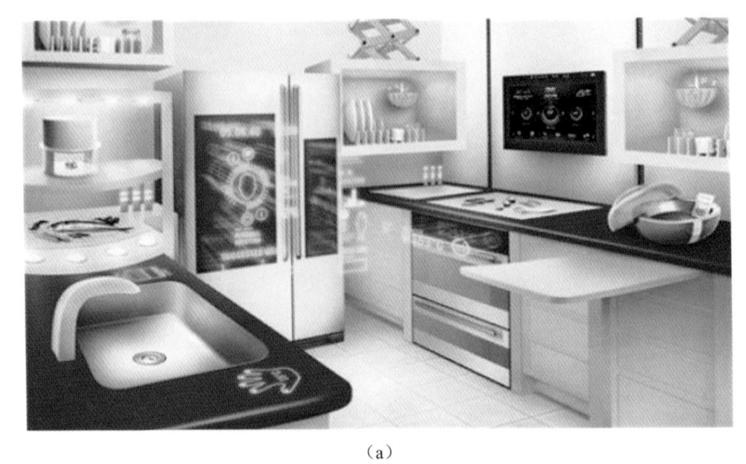

（a）

（b）

（c）

图 2-11　智能家居

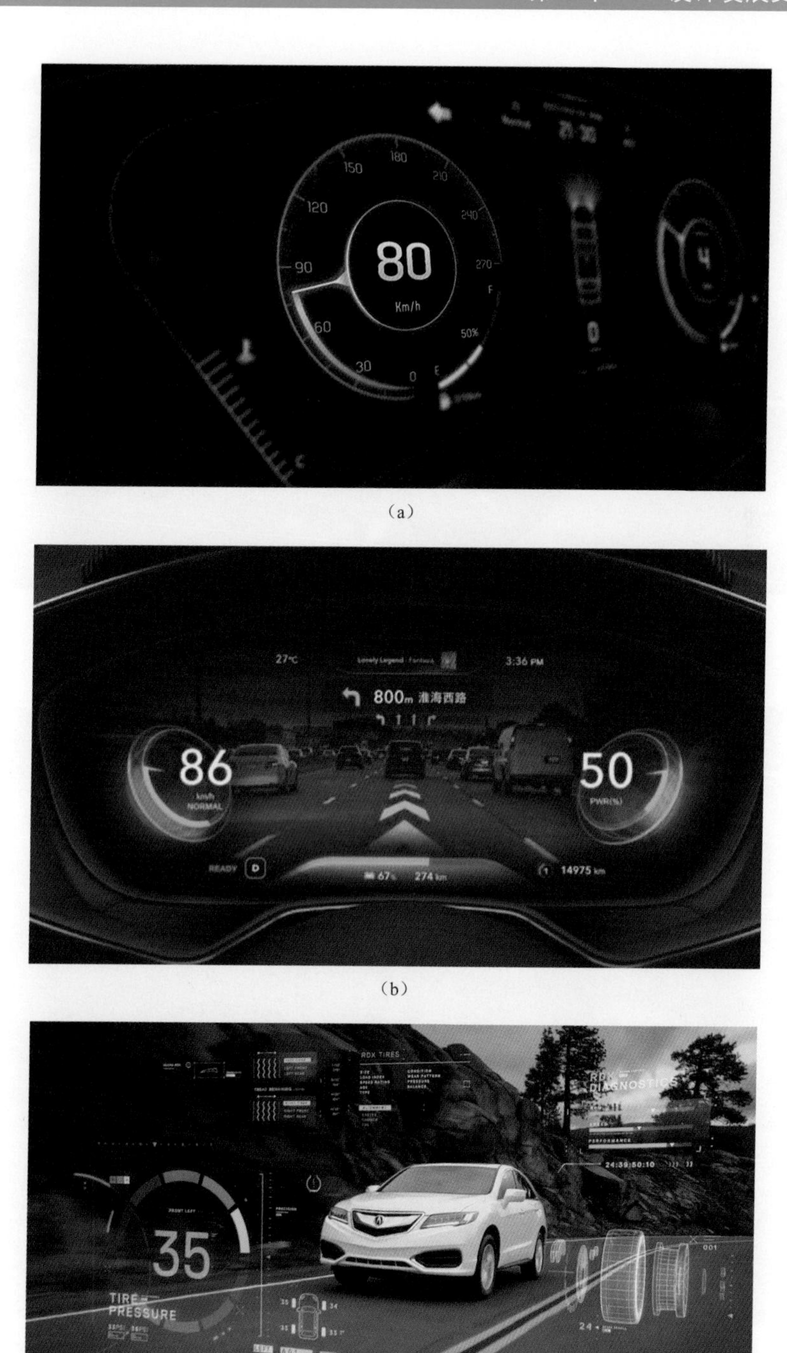

（a）

（b）

（c）

图 2-12　汽车 GPS 导航

（d）

图 2-12　汽车 GPS 导航（续）

图 2-13　人脸识别

图 2-14 智能气象预测及 AR 表现

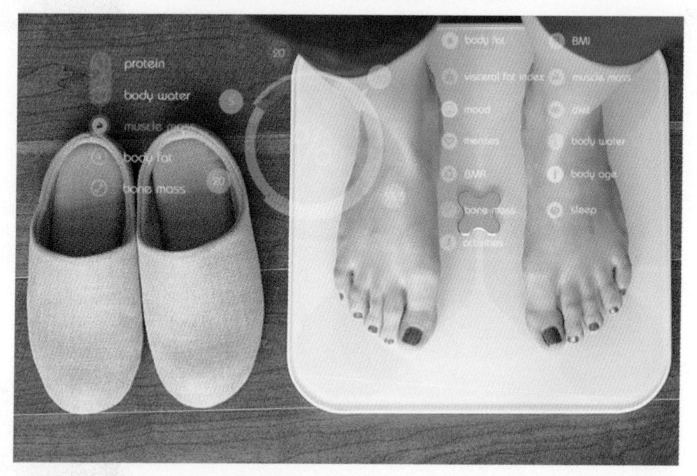

（a）

（b）

图 2-15 远程问诊

第3章 UI 设计软件及项目流程

3.1　UI 设计使用的软件

首先是 UI 视觉设计软件，Photoshop、Illustrator、Sketch 和 Adobe XD 等是主流的 UI 设计软件，如图 3-1 所示。

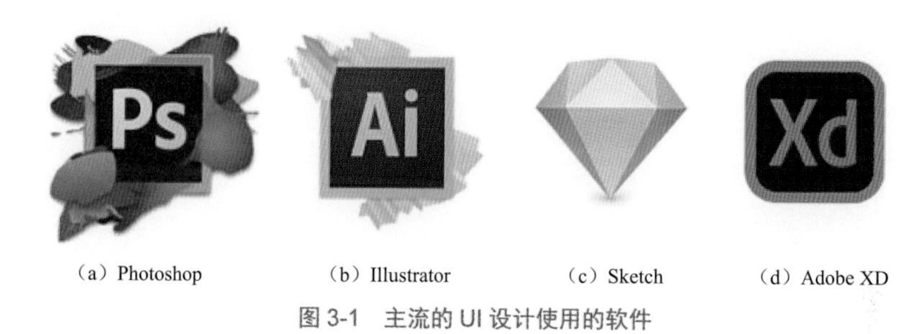

（a）Photoshop　（b）Illustrator　（c）Sketch　（d）Adobe XD

图 3-1　主流的 UI 设计使用的软件

交互软件有 Axure、Xmind、After Effect、Keynote 和墨刀等，如图 3-2 所示。各类交互线框跳转设计软件如图 3-3 所示。

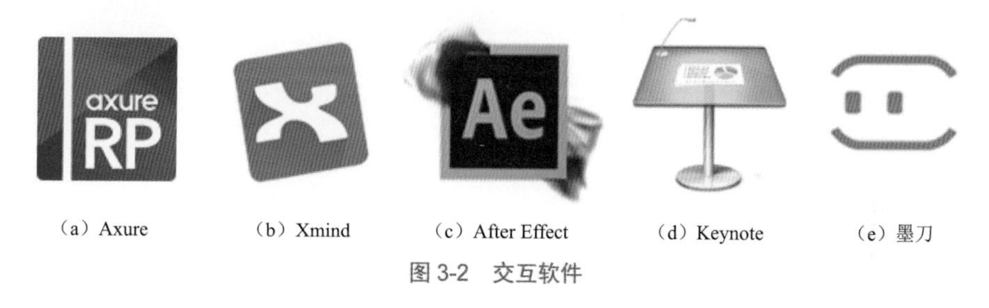

（a）Axure　（b）Xmind　（c）After Effect　（d）Keynote　（e）墨刀

图 3-2　交互软件

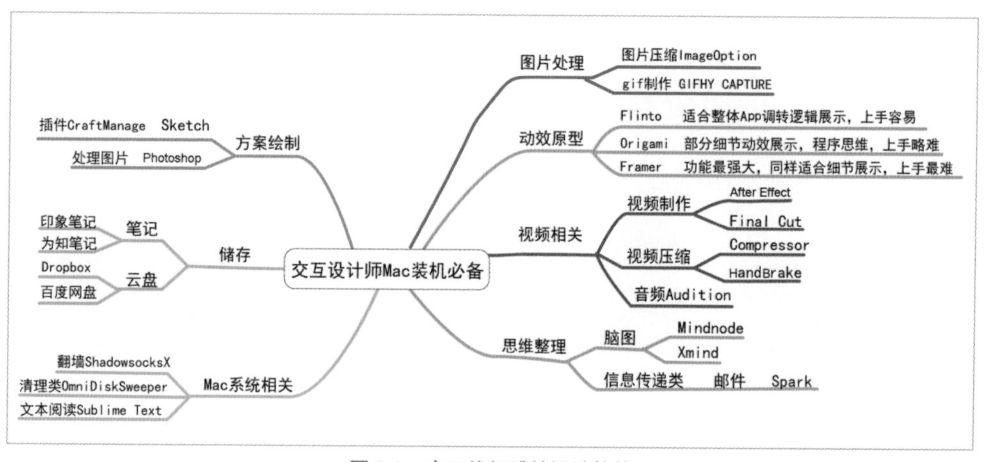

图 3-3　交互线框跳转设计软件

扩展能力软件有 Cenima4D、Dreamweaver、HTML5 小动画如易企秀等。

UI 必备 PS、AI 及 Sketch 技能视频请参考视频目录。

PS 技巧视频：

1）PS 画布及单位尺寸。

2）PS 图层管理。

3）PS 路径布尔运算。

4）PS 的图层样式。

5）PS 蒙版的使用。

6）PS 抠图及调色。

7）参考线及辅助工具。

AI 技巧视频：

1）AI 的钢笔工具。

2）AI 的布尔运算。

3）尺规绘图。

4）AI 的融合工具使用。

5）AI 绘制剪影图标。

6）AI 3D 工具使用。

Sketch 技巧视频：

1）Sketch 管理画布。

2）Sketch 绘制图形及布尔运算。

3）Sketch 的蒙版。

4）Sketch 的渐变及字体管理。

5）Sketch 的切图输出。

6）Sketch 的其他工具。

3.2 UI 项目资源管理

如图 3-4 所示为 UI 项目资源管理。

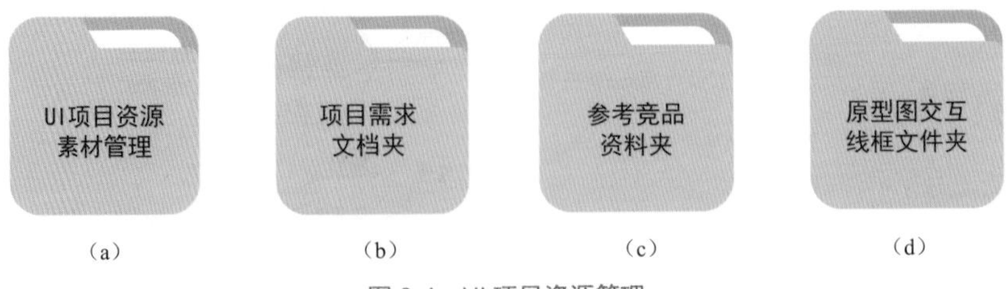

图 3-4　UI 项目资源管理

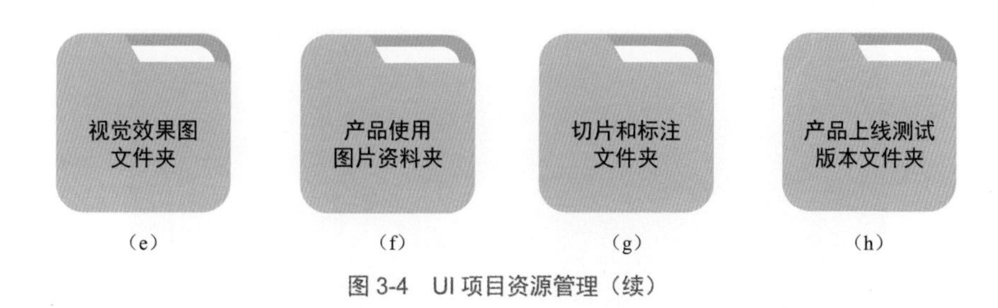

（e）　（f）　（g）　（h）

图 3-4　UI 项目资源管理（续）

3.3　产品开发项目流程

正常的互联网产品研发分为 5 个阶段。

① 产品调研阶段→② 数据分析阶段→③ 产品设计阶段→④ 设计开发阶段→⑤ 上线运营阶段，如图 3-5 所示。

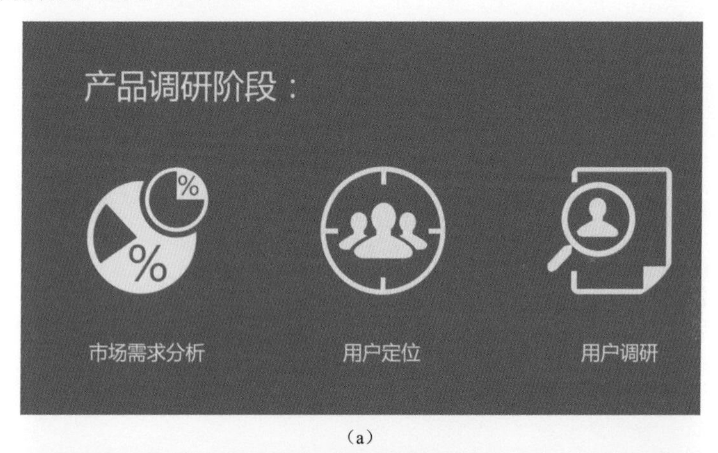

（a）

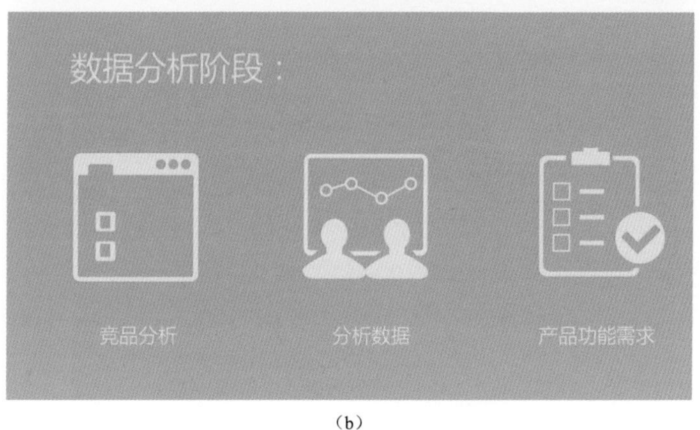

（b）

图 3-5　互联网产品研发的 5 个阶段

（c）

（d）

（e）

图 3-5　互联网产品研发的 5 个阶段（续）

第4章 UI设计的20个通用原则

UI 设计的 20 个通用原则如下。

1. 明确你的用户群

首先要明确：谁是你的用户群？不同阶层、不同年龄的用户在使用不同的产品时都有相对的风格偏好，所以必须有针对性地设计。

2. 界面要清晰

清晰度是界面设计中第一步，也是最重要的工作，要让用户第一眼就能识别出图标和控件的功能。让用户使用它时，能预料到将发生什么，并且与之交互完成自己的操作任务。另外，界面中使用的图片也要清晰不变形，背景元素不要干扰阻挡功能。

3. 交互性

人机交互就是人与机器的交流与互动。优秀的界面能够让用户高效地完成操作和任务，减少出错率，增加易用性。优秀的界面应符合人类的现实世界的操作逻辑，以减少用户的学习成本。

4. 保持用户的注意力

在进行界面设计时，能够吸引用户的注意力是很关键的，所以千万不要将重要功能的周围设计得乱七八糟，分散用户的注意力。谨记屏幕整洁能够吸引注意力的重要性。

5. 让用户掌控界面

保证界面处在用户的掌控之中，让用户自己决定系统状态，功能区分合理，适当提示引导，破坏性操作前进行用户提示，让用户可以随意地在可操作范围内前进或返回，并随时告知用户所在位置。

6. 每个屏幕需要一个主题

我们设计的每一个画面都应该有一个重要的主题，这样不仅能够让用户使用到它真正的价值，也使得上手容易，使用起来也更方便。如果一个页面上非要有多个焦点，可以使用激活焦点、屏蔽其他焦点的方法。

7. 区分元素及事件和动作的主次

使用尺寸、距离、颜色、表现形式、对比等手法，区分界面元素的信息层级，让主要元素醒目。用适当的图形语言提示可操作激发的事件，在完成主要动作后，再激发后续的次要动作流程。

8. 自然过渡及跳转

界面的切换交互都是环环相扣的，所以设计时，页面之间的互相跳转要自然合理，有趣味，符合用户的心理认知；对还未操作完毕的流程，需要提示进度、完成度、等待动画提示等，不要让用户不知所措，给其自然而然继续下去的方法，以达成操作任务目标。

9. 符合用户期望

人总是对符合期望的行为最感舒适，因此在用户操作后应当给予其相应的反馈。在设计的时候也应该遵循用户认知去设计元素，比如它看起来像个按钮，就要具有按钮的功能。需要等待的界面，也需要提供进度和 LOADING，而不是没有反馈。

10. 强烈的视觉层次感

如果要让屏幕的视觉元素具有清晰的浏览次序，那么应该通过强烈的视觉层次感来实现。明确的视觉层级，考虑每一个元素的视觉重量，比如重要的信息文字，需要放大、清晰、高亮显示，不重要的元素需要缩小、弱化显示。视觉层次感不明显的话，用户不知道哪里才是目光应当停留的重点，显得页面没有逻辑，不知道阅读界面的顺序。

11. 减轻用户的认知压力

恰当地处理视觉元素能够化繁为简，帮助用户更加快速简单地理解界面功能。使用方位、间距和功能相似性分组来组织界面功能元素，使用户可以使用联想和识别来确定功能，减轻用户认知记忆负担，不用多琢磨元素间的关系。

12. 使用合适的色彩

色彩很容易受环境影响而发生改变，要考虑到界面的长时间阅读，或者重要提示用醒目色彩作为引导。但不要只用色彩区别，例如对和错的表示，红绿色盲就分辨不了，还需要配合 √ 和 × 的造型一起来设计。背景色要和文字及前景元素进行区分，使用色彩弱化调和不重要的元素。

13. 恰当的展现

每屏的尺寸有限，只展现必需的内容，其他内容可以放到下一屏，或者隐藏折叠。在首屏适当提示，让用户可以按照你设计的步骤去查看信息，使你的界面交互逻辑更清晰。

14. 提供“帮助”选项

对初次使用界面的用户，提供帮助及下一步等新手提示。在有困惑的位置，恰当地出现提示，确保用户能顺利地使用界面，并且在操作中受到指导并学会操作。

15. 预先提示

在发生不可逆操作，或者破坏性操作之前，需要提示用户，让用户确认后再执行不可逆操作。在破坏性操作发生后，如用户想反悔，如有必要，提供用户反悔渠道，如后台服务渠道取回等。

16. 功能符合业务逻辑

如果把线下业务功能搬到线上来，我们应该观察现有的行为和设计，提炼相应的功能和设计，合理地搬到软件中去，解决现存的问题。

17. 多涉猎设计之外的知识

视觉、平面设计、排版、文案、信息结构以及可视化、用户体验手法、调研手法、交互动效、运营设计、插画设计、3D 表现、代码框架等，设计师对这些知识都应该有所涉猎或者比较专长，要从中学习有价值的知识，以此来提高你的综合工作能力。

18. 实用性

在设计领域，界面设计不仅仅是一件精美的艺术品，它仅仅能够满足其设计者炫技的虚荣心是不够的，首先它必须要实用，能切实地解决用户使用这款软件所要达到的目的，顺利高效地完成操作任务。

19. 检查错误

设计师要尽可能协助程序员和测试人员检查和清除程序中的错误和 BUG，测试各个控件的状态，事件是否准确触发，文字是否可识别，图标和细节是否准确还原设计稿，操作流程是否能成功准确地完成，参与 Beta 版本的测试是消减错误的最好方法。

20. 简约设计

简约设计不仅仅是一种流行趋势，从用户体验上看，简约的界面可以去掉很多无关的干扰信息，使 UI 更具易用性。好的 UI 设计应该具备强大的功能，但是画面要简约，做到疏密有度。拥挤的界面，不论功能多么强大，都会给用户带来不适感。

第5章 图标设计

5.1 图标的概念及优点

图标的定义：图标是计算机世界对现实世界的隐喻和概括，代表软件产品中的功能及操作。

图标的本质是一种符号，它采用对这个世界的隐喻，来指代功能、含义和用途等，如图 5-1 所示。

图 5-1 图标设计

使用图标的优点如下。

1）易于被快速识别，便于记忆，图形直观性产生国际通用性，如男女厕所符号。

2）信息量大，图标具有形、意、色等多种刺激，传递的信息量大，抗干扰能力强。

3）图标大小可调，表示视觉和空间概念，便于布局，美观。

5.2 图标的设计规范

图标设计的标准：功能寓意的识别性、风格的统一性是一个图标设计好坏的重要标准。

图标的七个一致性：线宽一致，体积感留白一致，倒角圆角一致，角度一致，色彩一致，复杂度一致，光影一致。

如果是导航图标，最好设计阴阳线形和对应的选中状态面性图标。

如图 5-2 为设计规范的图标。

图标的常见风格种类：像素图标、剪影图标、2.5D 图标、拟物图标、扁平图标、MEB 风格图标、线性图标、3D 图标、手机系统主题图标、默认缺省提示图标、运营节气皮肤图标、微质感图标、快捷入口图标、运营入口图标、节日装饰性图标等，如图 5-3 所示。

图 5-2　设计规范的图标

（a）像素图标　（b）剪影图标　（c）2.5D 图标　（d）拟物图标

（e）扁平图标　（f）MEB 风格图标　（g）线性图标　（h）3D 图标

（i）手机系统主题图标　（j）默认缺省提示图标　（k）运营节气皮肤图标

图 5-3　图标的常见风格种类

图标结构色彩复杂性的定位：一般来说，页面上空间大、图标少的话，图标可以设计得复杂且尺寸大一些，如全屏导航类或者缺省提示类；反之，如果在一个非常密集的空间里，图标可以画得小一些，简洁一些，如个人中心、侧滑列表等。

一般一类图标的尺寸是一致的，这样以像素或者自定义尺寸为 1 个单位的话，可以把图标分成 N 个格子，为了让方形、圆形、竖形，或者不规则图形的体积感相等，我们一般会在留白区域内框定一个适合于图标表现的区域，尽可能以这个区域为图标的设计主体，如图 5-4 所示。

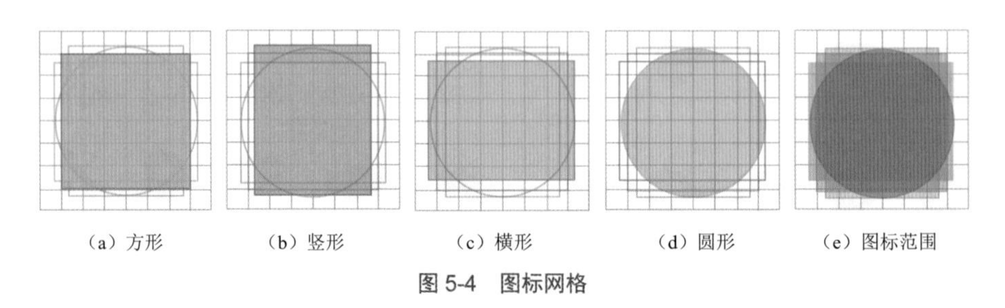

（a）方形　（b）竖形　（c）横形　（d）圆形　（e）图标范围

图 5-4　图标网格

尺规绘图：图形设计尽可能以圆和直线来设计，保持图形的饱满规则性，如图 5-5 所示。

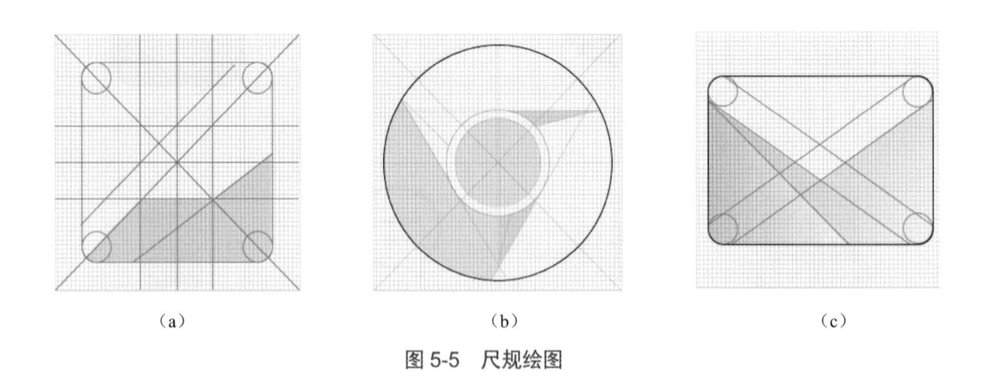

（a）　（b）　（c）

图 5-5　尺规绘图

如图 5-6 所示为图标的细节规范。

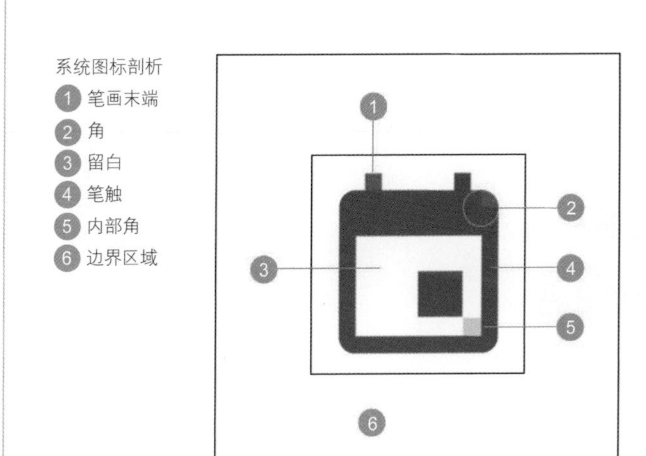

角

一致的圆角半径（2px）是统一全系列系统图标的关键，不要修改它。

图标内部的角应为直角，也不要修改它。

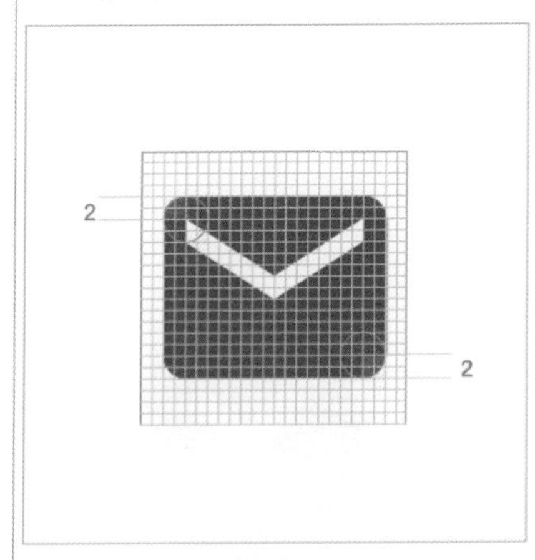

外部角

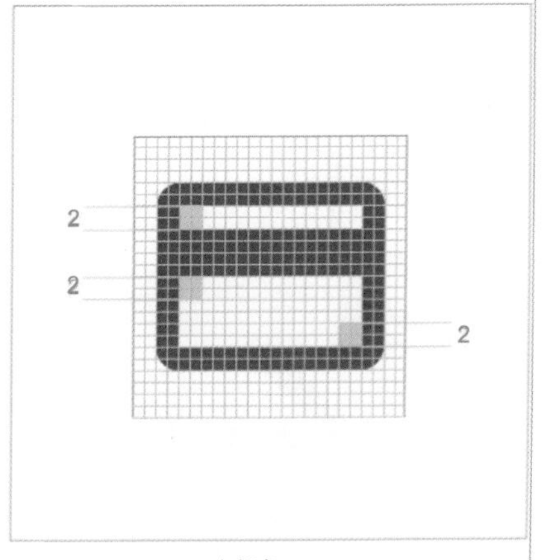

内部角

（a）

图 5-6　图标的细节规范

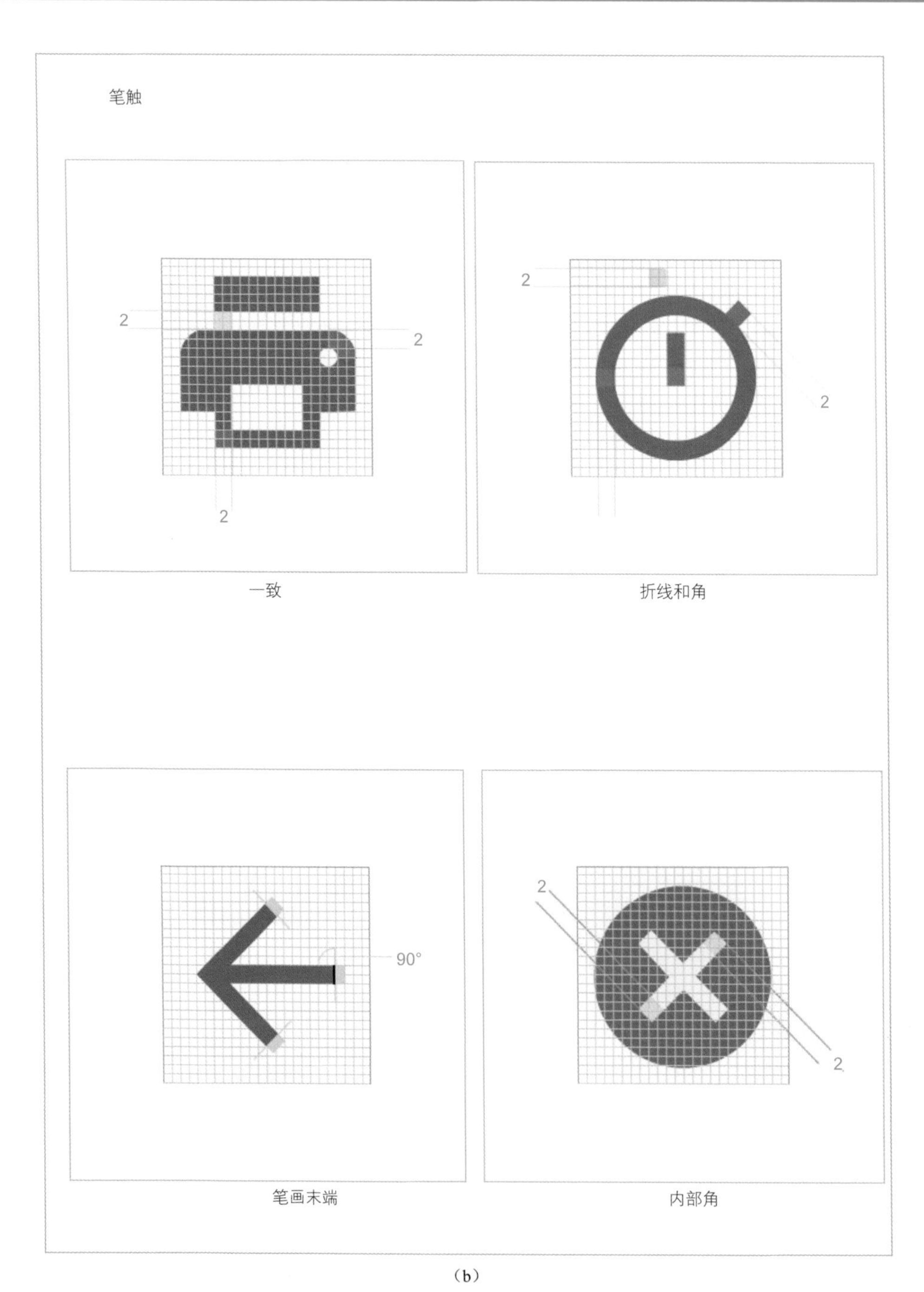

（b）

图 5-6 图标的细节规范（续）

视觉校正

极端情况下必要的校正能够增加图标的清晰度，如有必要，需与其他图标保持一致的几何形状。不要加以扭曲。

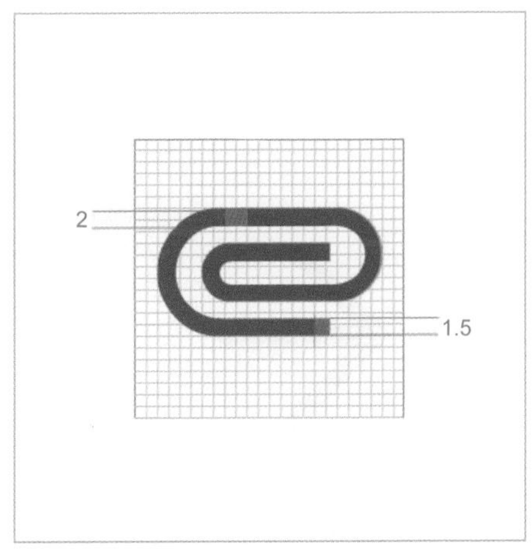

复杂

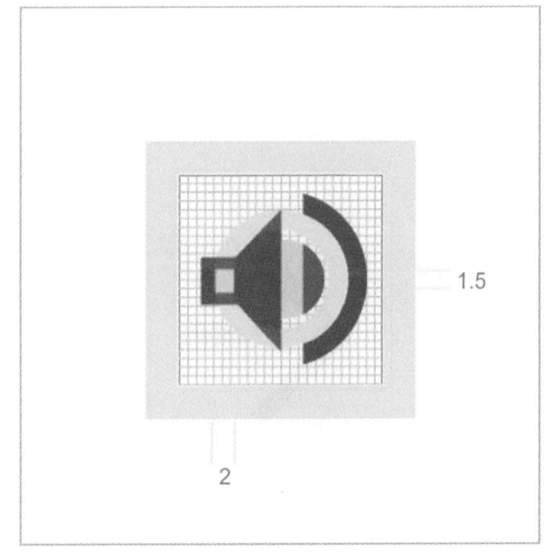

缩小

清空

为了可读性和触摸操作的需要，图标周围可以留有一定的空白区域。

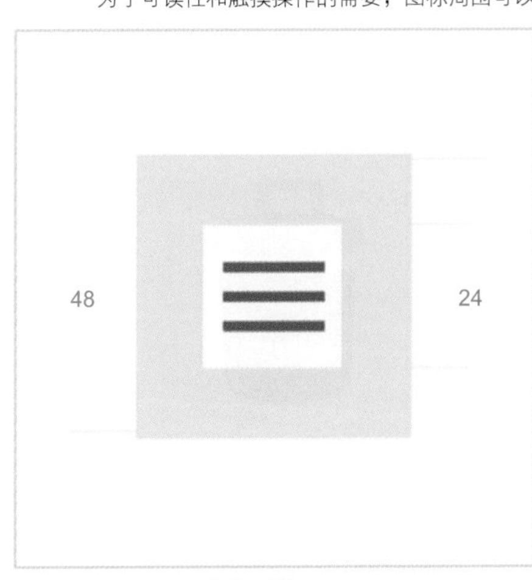

清空区域

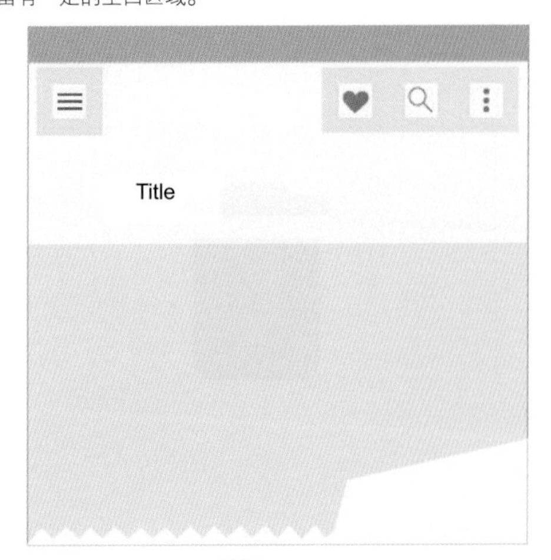

放置

（c）

图 5-6 图标的细节规范（续）

最佳范例
一致的图标可以有利于用户理解，在不同应用中也尽量使用已有的系统图标。

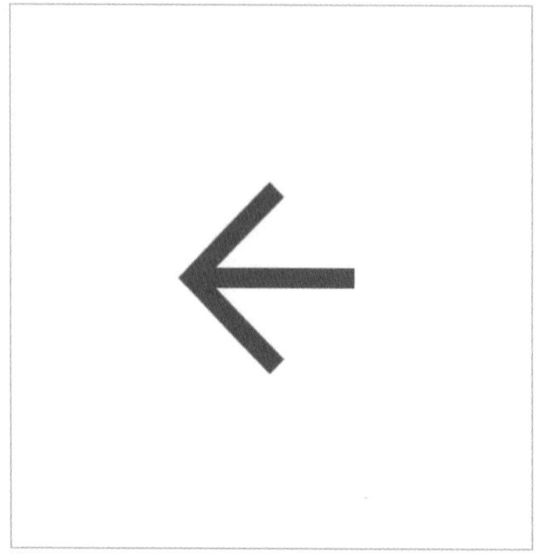

可取
使用相同的画笔宽度以及方形的笔画末端

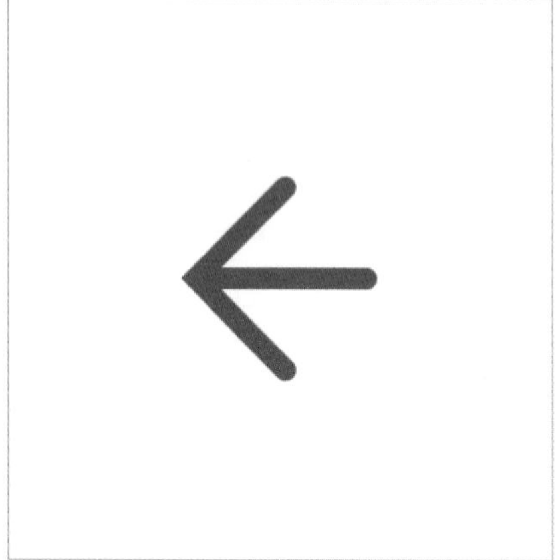

不可取
不要使用不相同的画笔宽度以及非方形的笔画末端

可取
让图标显得正面且坚定

不可取
不要倾斜、旋转图标，或是让图标显得立体

（d）

图 5-6　图标的细节规范（续）

可取
简化图标使其更具清晰度和可读性
不可取
不要过度拟物化使得图标复杂
可取
让图标更加几何化而变得更加显眼
不可取
不要过度精细，使用过细画笔宽度

（e）

图 5-6　图标的细节规范（续）

(f)

图 5-6 图标的细节规范（续）

评价一套图标的好坏的标准如下。

- 整体统一性。
- 图标识别性。
- 颜色舒适度。
- 创意新颖性。
- 质量完稿度。
- 符合产品调性。

5.3 手机系统及 App 图标设计规范

手机系统主题图标一套，包括拨号、短信、浏览器、日历、时钟、邮件、计算器、联系人、音乐、视频、图库、相机、文档、下载、应用中心、设置、天气、个性化中心、游戏中心、录音、地图、便签、画板、安全中心、阅读和系统升级这些功能，如图 5-7 和图 5-8 所示。

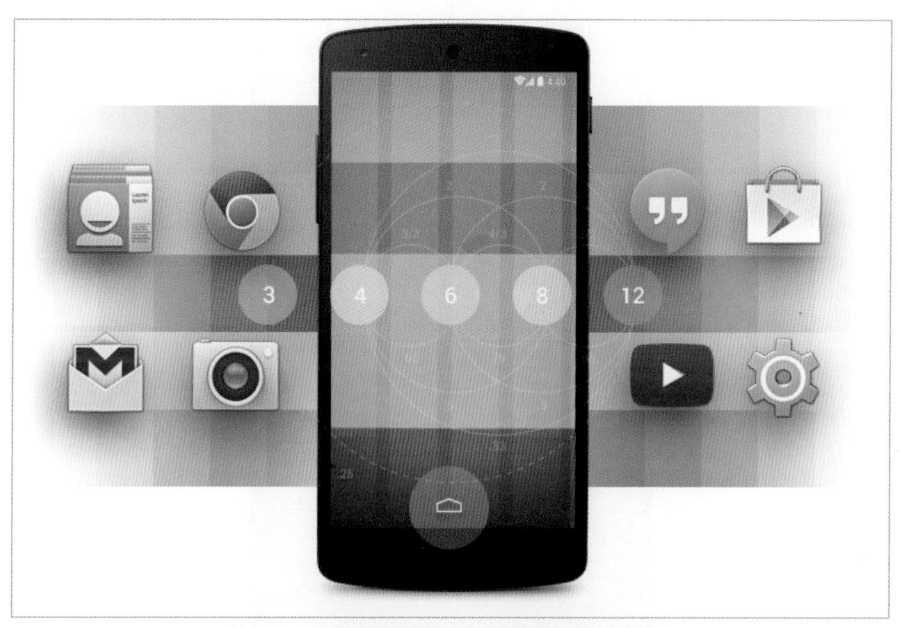

图 5-7　Google 的 Android 手机系统主题图标设计

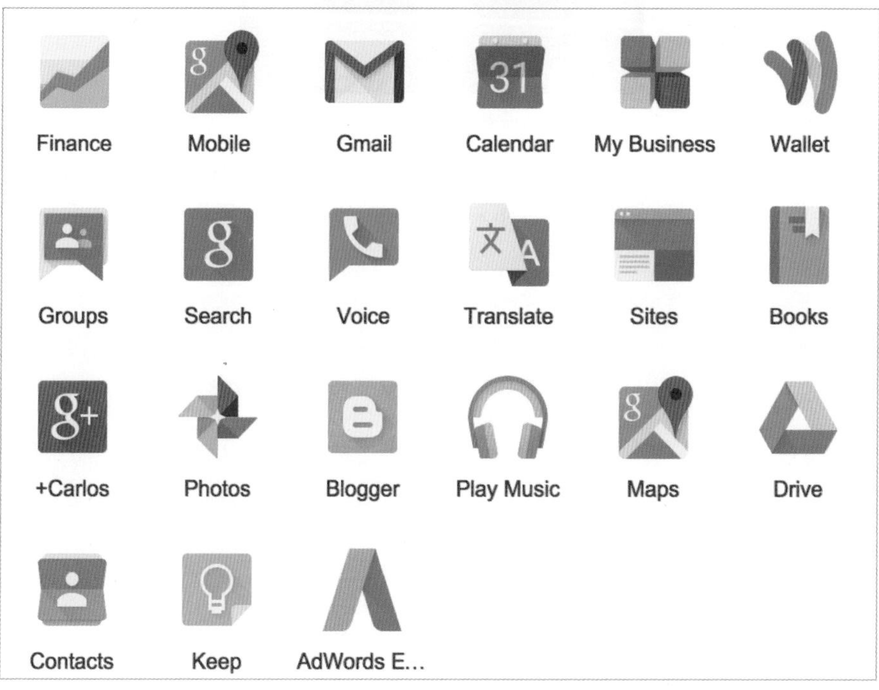

图 5-8　手机系统主题图标

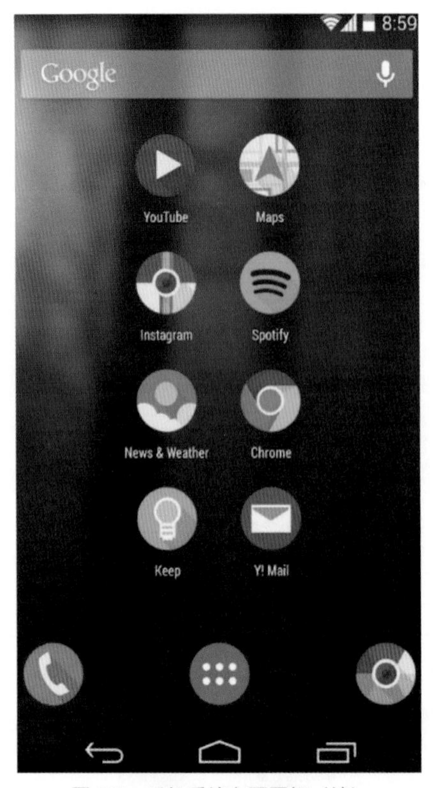

图 5-8　手机系统主题图标（续）

因为安卓手机系统有不同的平台，每个平台和型号的图标尺寸不同，所以如果没有确定平台的话，可以先做尺寸 256×256px 的。如图 5-9 所示为安卓手机系统尺寸。

Android N系统App图标尺寸参考规范

屏幕大小	启动图标	操作栏图标	上下文图标	系统通知图标(白色)	最细笔画
1440×2560 px	144×144 px	96×96 px	48×48 px	72×72 px	不小于6 px
1080×1920 px	144×144 px	96×96 px	48×48 px	72×72 px	不小于6 px
720×1280 px	48×48 dp	32×32 dp	16×16 dp	24×24 dp	不小于2 dp
480×800px/480×854px/540×960px	72×72 px	48×48 px	24×24 px	36×36 px	不小于3 px
320×480 px	48×48 px	32×32 px	16×16 px	24×24 px	不小于2 px

图 5-9　安卓手机系统尺寸

哪怕是官方的 Android 扁平风格的图标，每个版本也是会有变化的，从最初的不规则扁平图标到折痕扁平图标，再到长投影扁平图标，所以我们即使在设计扁平图标的时候，也需要考虑到微小的质感变化，以及色彩细节尺寸的统一与创新。

如图 5-10 所示为 Android 扁平风格的图标。

图 5-10　Android 扁平风格的图标

Google 建议的图标规范如下。

1）图标的造型尽量以圆和直线的尺规绘图标准去布尔生成造型，造型以体正饱满识别性强、体积感一致为佳，随意的、不规则的、粗细不一的图标设计为差，如图 5-11 所示。

图 5-11 图标的造型

2）图标的光影尽量方向一致、风格一致、阴影羽化度一致，如图 5-12 所示。

图 5-12 图标的光影

3）图标的角度一致、透视一致，如图 5-13 所示。

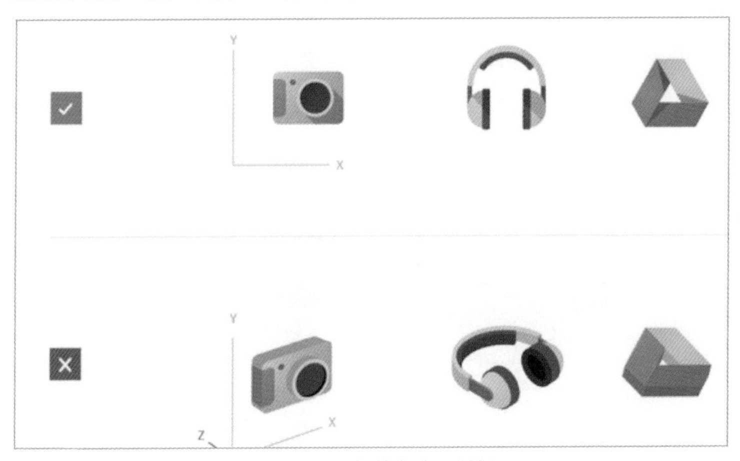

图 5-13　图标的角度、透视

4）图标的配色方案一致，如图 5-14 所示。

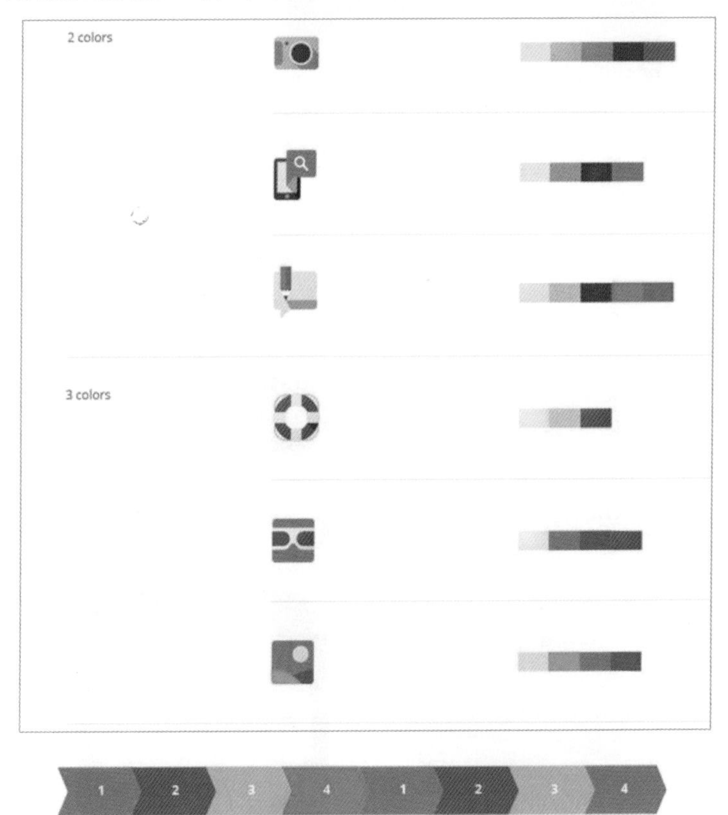

图 5-14　图标的配色方案

5.4 iOS 图标规范

iOS 系统已经发展了很多代了，目前以苹果 App 启动图标设计为主，如图 5-15 所示。早期苹果图标以玻璃效果为主，背板的圆角也从小变大，圆角越圆越有亲和力。

图 5-15 苹果 App 启动图标

iOS 图标有一套栅格系统，一共有 3 个圈，建议主要图形不要超出最外圈，主要设计在靠外的 2 个圈中进行，核心圈可以做挖空或者核心造型设计，以便于所有第三方 App 放在主菜单中，其大小、体积感、辨识度等与整体和谐。

如图 5-16 所示为 iOS 图标栅格系统。

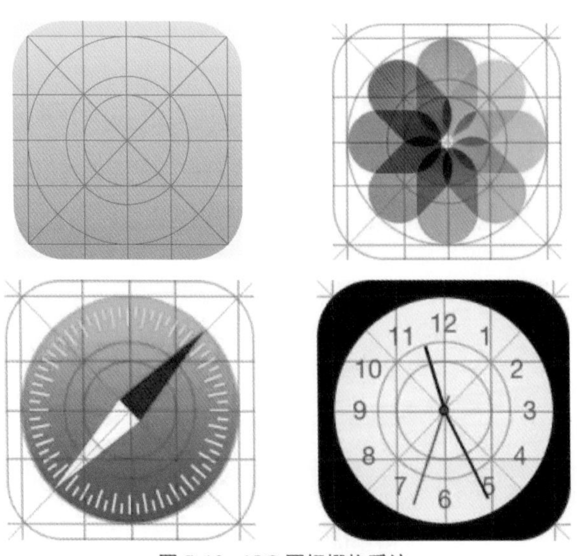

图 5-16 iOS 图标栅格系统

桌面图标示例

Desktop icon example

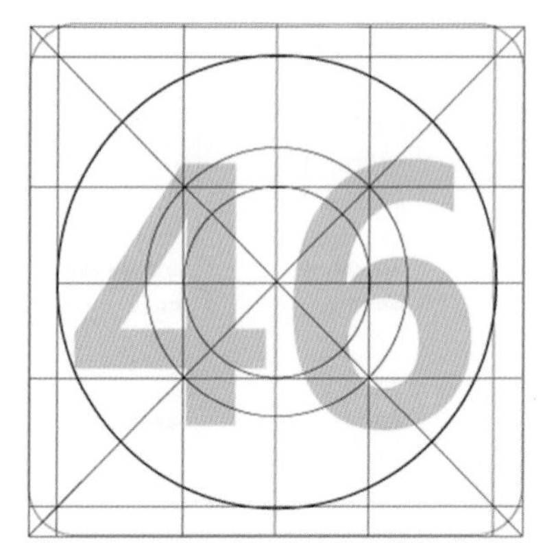

1024×1024px内容区域最大不能超过大圆区域

系统图标删格系统

The system icon in the grid system

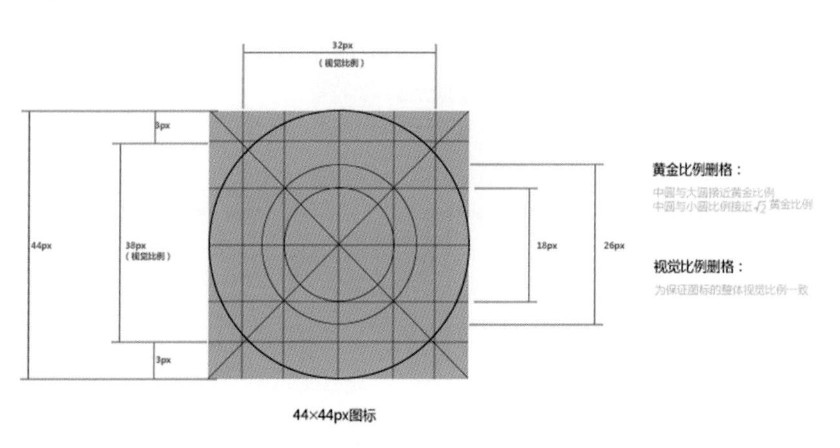

44×44px图标

图 5-16　iOS 图标栅格系统（续）

iOS 的图标尺寸模板如图 5-17 所示。

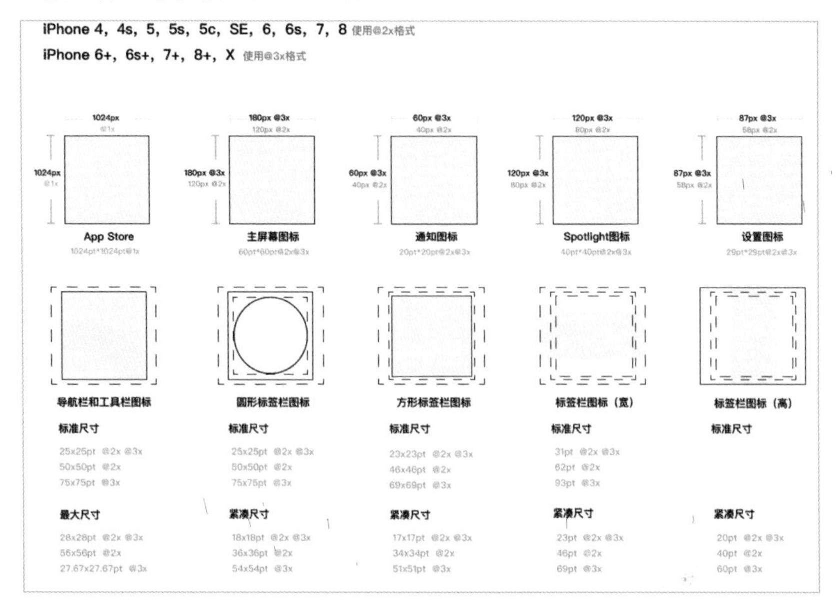

图 5-17　iOS 的图标尺寸模板

一套启动图标常见有 6 类视觉配色表现形式，如图 5-18 ～图 5-20 所示。

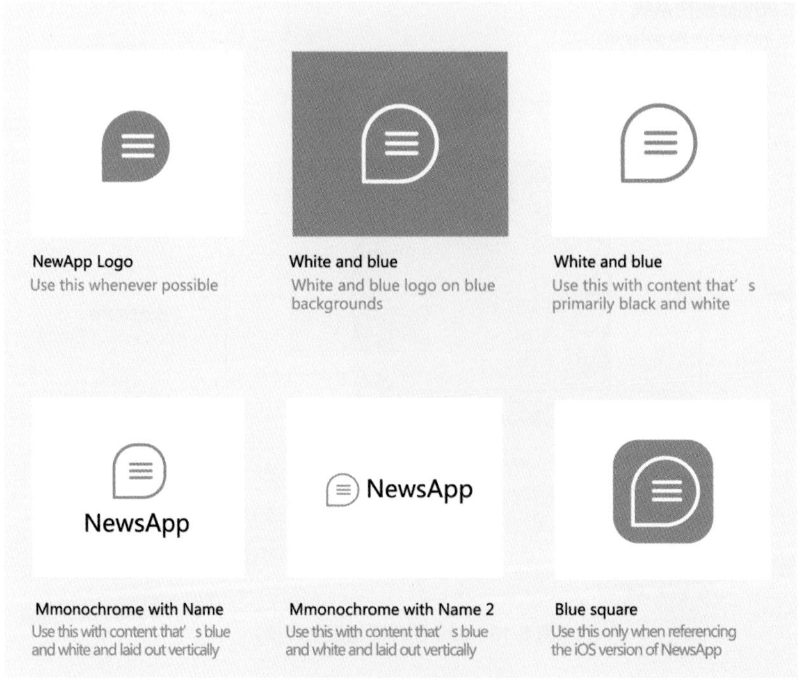

图 5-18　彩色面性快捷入口图标

图 5-18　彩色面性快捷入口图标（续）

图 5-19　双色线面性快捷入口图标

图 5-20　线性整体页面图标

第6章 App产品定义及竞争分析

6.1　App 的概念

App 即应用（Application），现在泛指安装在智能手机上的应用软件，App UI 就是按不同的 App 应用功能和产品目的，以及目标用户群的偏好去设计的。目前主流的两个手机平台是苹果公司的 iOS 系统和 Google 公司的 Android（安卓）系统。如图 6-1 所示为 App Store。

图 6-1　App Store

推荐一个网站，专门收集 iOS 上最好看的 App 图标，https://www.iosicongallery.com/。

6.2　App 的分类

常见 App 一般分成 21 个类别，UI 学习也可以按这 21 个类别进行风格练习设计。大家在寻找参考竞品的时候，尽可能都找 App 商城中这个类别前 3 的 App 作为竞品去参考，因为太小众的 App 功能不全，参考价值一般，偶尔有少量出彩功能，范围层太小、功能太单一，界面排版不容易出效果。如图 6-2 所示为 App Store 里的 App 分类占比。

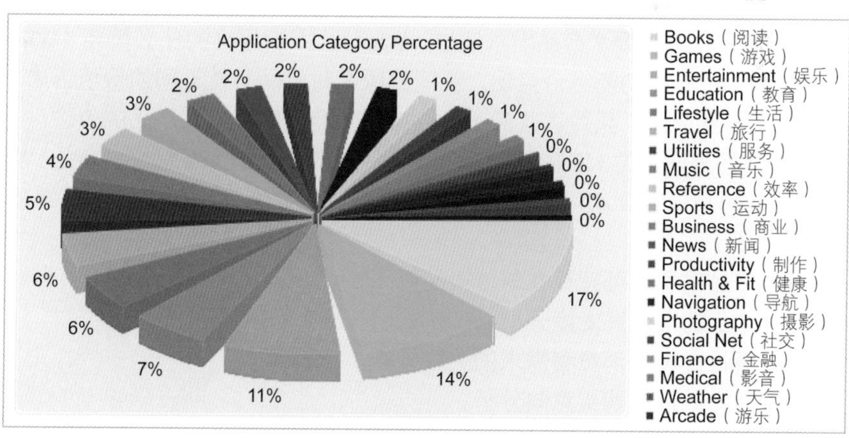

图 6-2　App Store 里的 App 分类占比

6.3　App 产品定位

产品定位（Product positioning）采用五步法。

五步法又称之为 4W1H 法，即 Who：谁用？谁需要为谁服务？ What：满足这个用户哪方面的需求？ Why：市场目前的成熟情况？用户对你的品牌产品的感知？

Which：你的商品的核心价值点？与别的产品的不同及优势？最后是 How：用户如何获得你的产品？如何运营你的产品？如图 6-3 所示为 4W1H 产品定义法解决的问题。

Who
这款App谁用？
谁需要为谁服务？

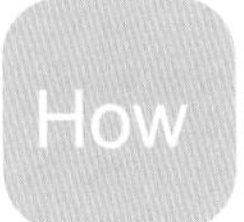
How
用户如何获得你的产品？
如何运营？

What
满足这个用户哪方面的需求？

Why
市场目前的成熟情况？
用户对你的品牌产品的感知？

Which
你的商品的核心价值点？与别的产品的不同及优势？

图 6-3　4W1H 产品定义法解决的问题

1）目标市场定位（Who），即明白为谁服务，满足谁的需要？

目标市场定位策略：

- 无视差异，对整个市场仅提供一种产品；
- 重视差异，为每一个细分的子市场提供不同的产品；
- 仅选择一个细分后的子市场，提供相应的产品。

2）他们有些什么需要？产品需求定位（What），即满足谁的什么需要（What）？

产品的价值由产品功能组合实现，不同的顾客对产品有着不同的价值诉求。

这一环节需要调研，获得这些需求可以指导新产品的开发和产品的改进。

3）企业产品测试定位（IF），考察消费者对产品概念的理解、偏好、接受（Why）？

这一环节的测试需要从用户的心理层面到行为层面来深入研究，以获得用户对产品的接受情况。

- 考察产品概念的可解释性与传播性；
- 同类产品的市场开发度分析；
- 产品属性定位与消费者需求的关联分析；
- 对消费者的选择购买意向分析。

4）产品差异化价值点定位（Which），做定位之前，第一步工作就是分析竞品，研究它们的价值点在哪里。

通过分析竞品的价值点，就有可能发现一些有市场需求的价值。

比如可口可乐的定位是“传统的、经典的、历史最悠久的”价值定位，百事可乐就把自己定位于“年轻的、专属于年轻人的”价值定位。

- 产品独特价值特色定位；
- 从产品解决问题特色定位；

- 从产品使用场合时机定位；
- 从消费者类型定位；
- 从竞争品牌对比定位；
- 从产品类别的游离定位、综合定位等。

5）营销组合定位（How）。

营销组合定位即如何满足需要（How），它是进行营销组合定位的过程。即产品（Product）、价格（Price）、渠道（Place）、宣传（Promotion），再加上策略（Strategy），所以简称为“4P’s”营销理论。

- 产品价格；
- 渠道策略；
- 推广策略；
- 促销策略；
- 展示策略。

6.4　App 的产品需求 PRD 简化模板

PRD（Product-Requirement-Document，产品需求文档）按产品复杂度，从二三十页到上百页不等，内容如下。

第一部分：文档头，包括封面、撰写人、撰写时间、修订记录页、目录等。

第二部分：产品概述、名词说明、产品目标、项目周期阶段和时间节点、产品风险等。

第三部分：使用者需求、目标用户、场景描述、功能优先级等。

第四部分：业务模块、功能总览表、详细功能、产品主要模块的流程图等。

第五部分：功能线框、BETA 测试需求、UC 用例编写、非功能需求等。

第六部分：运营计划、推广和开发经费人员预估、上线下线标准等。

如图 6-4 所示为 PRD 产品需求文档需要内容。

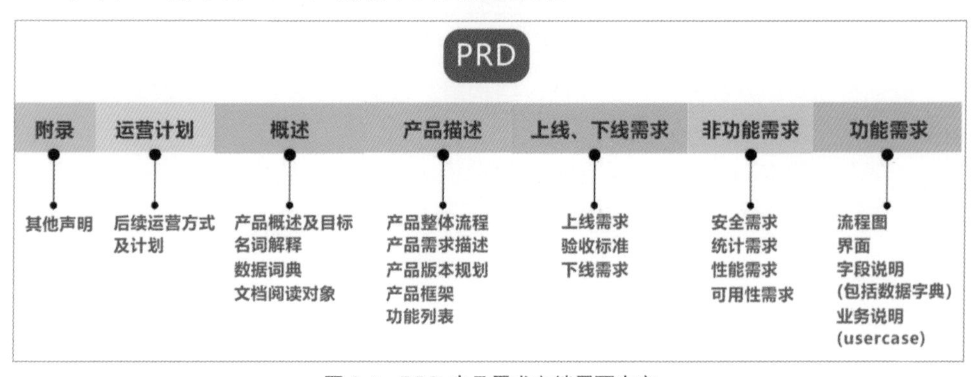

图 6-4　PRD 产品需求文档需要内容

6.5 竞品分析

所谓 SWOT 分析，即基于内外部竞争环境和竞争条件下的态势分析，就是将与研究对象密切相关的各种主要内部优势、劣势和外部的机会和威胁等，通过调查列举出来，并依照矩阵形式排列，然后用系统分析的思想，把各种因素相互匹配起来加以分析，从中得出一系列相应的结论，而结论通常带有一定的决策性。

运用这种方法，可以对研究对象所处的情景进行全面、系统、准确的研究，从而根据研究结果制定相应的发展战略、计划以及对策等。

S（Strengths）是优势，W（Weaknesses）是劣势，O（Opportunities）是机会，T（Threats）是威胁。

按照企业竞争战略的完整概念，战略应是一个企业“能够做的”（即组织的强项和弱项）和“可能做的”（即环境的机会和威胁）之间的有机组合。

如图 6-5 所示为 SWOT 分析法。

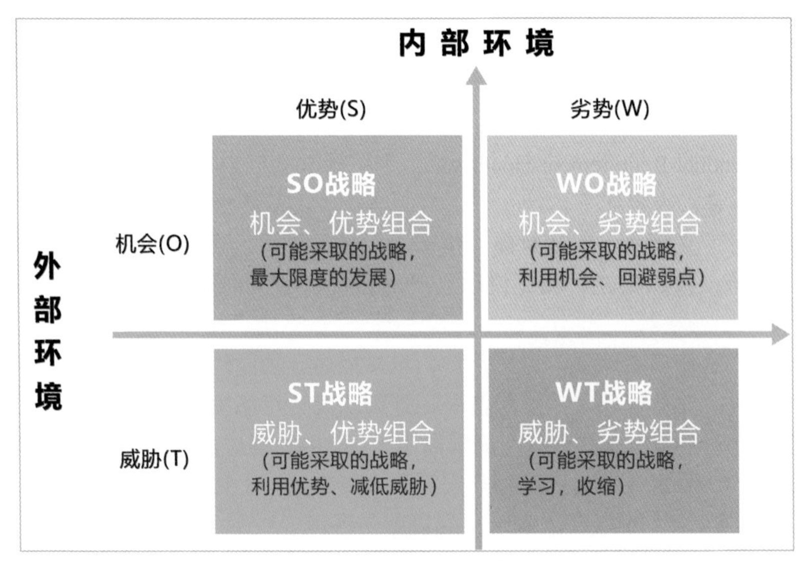

图 6-5　SWOT 分析法

竞品分析可以从战略层、范围层、结构层、框架层及表现层五个层面去分析。如图 6-6 所示为用户体验五个层面。

一般我们用 Xmind 等思维导图软件来分析 App 软件的结构层。如图 6-7 所示为春雨医生结构层分析，如图 6-8 所示为平安好医生结构层分析。

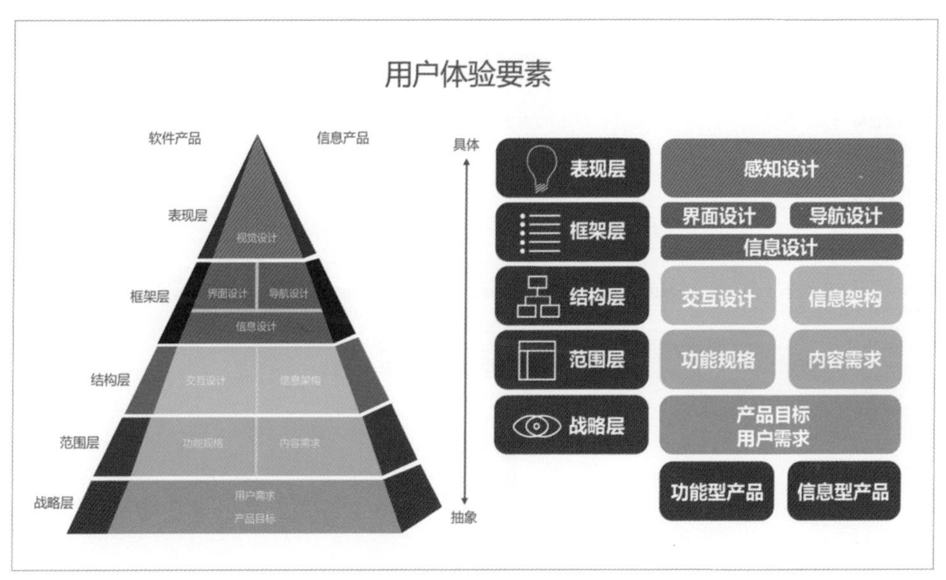

图 6-6　用户体验五个层面

图 6-7　春雨医生结构层分析

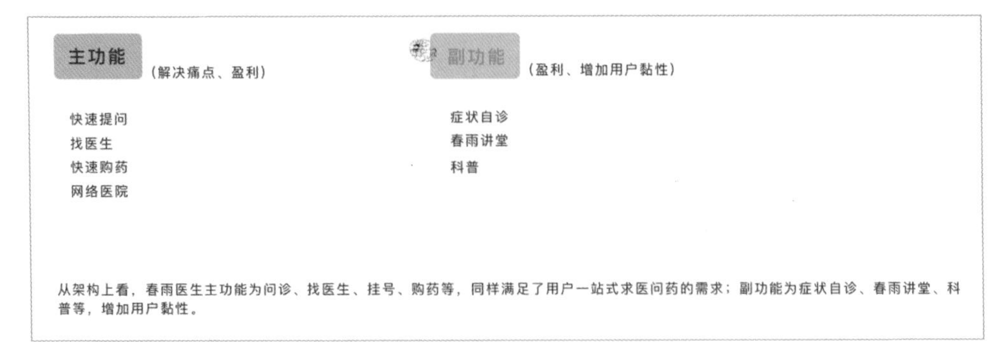

主功能
（解决痛点、盈利）
快速提问
找医生
快速购药
网络医院
副功能
（盈利、增加用户黏性）
症状自诊
春雨讲堂
科普
从架构上看，春雨医生主功能为问诊、找医生、挂号、购药等，同样满足了用户一站式求医问药的需求；副功能为症状自诊、春雨讲堂、科普等，增加用户黏性。

图 6-7　春雨医生结构层分析（续）

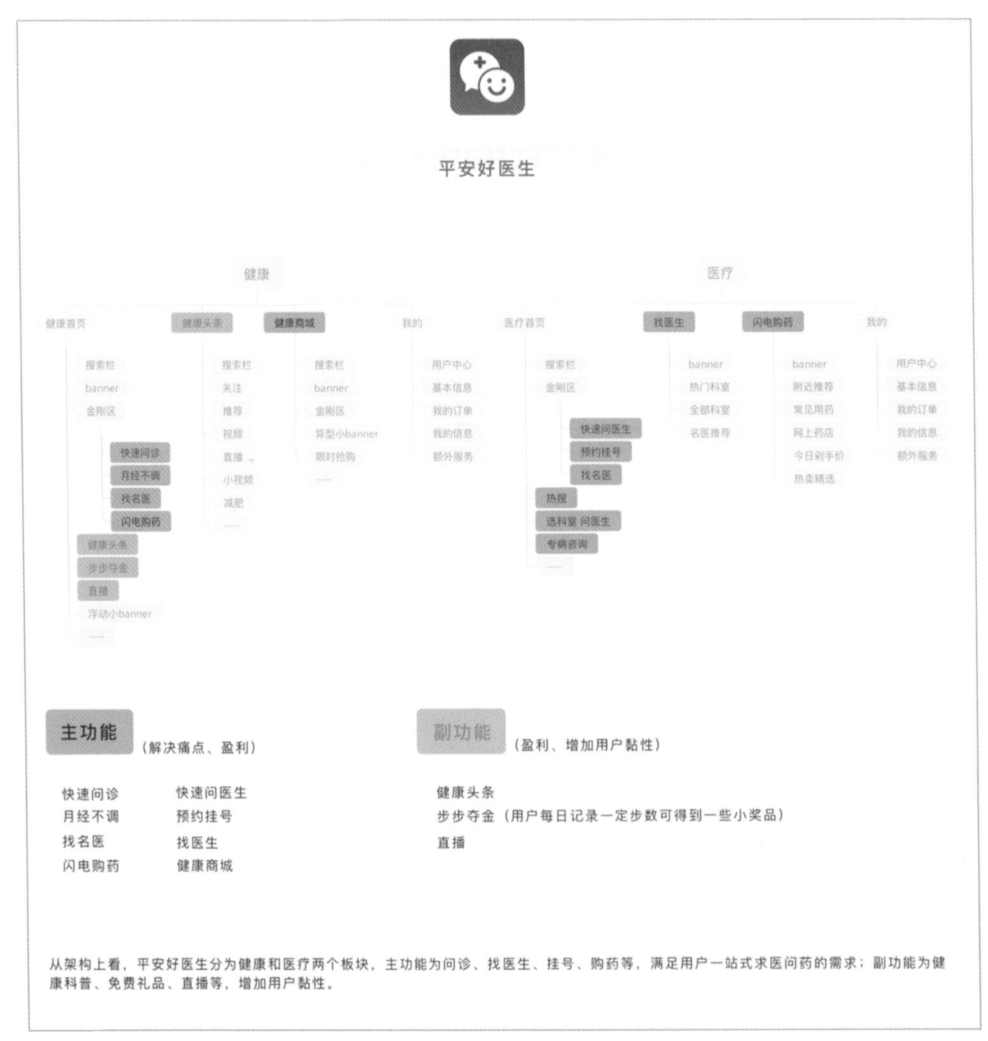

图 6-8　平安好医生结构层分析

6.6　用户画像

一般来说，根据具体的业务内容，会有不同的数据，不同的业务目标，也会使用不同的数据。

在互联网领域，用户画像数据可以包括以下内容（图 6-9）。

1）人口属性：包括性别、年龄等人的基本信息。

2）兴趣特征：浏览内容、收藏内容、阅读咨询、购买物品偏好等。

3）消费特征：与消费相关的特征。

4）位置特征：用户所处城市、所处居住区域、用户移动轨迹等。

5）设备属性：使用的终端特征等。

6）行为数据：访问时间、浏览路径等用户在网站的行为日志数据。

7）社交数据：用户社交相关数据。

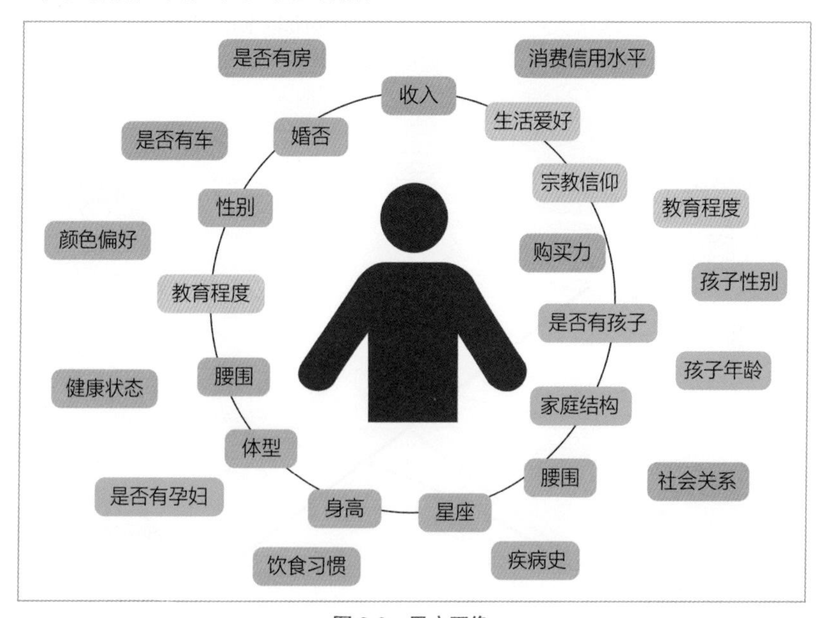

图 6-9　用户画像

现在基于大数据进行的 AI 算法，推送内容的 App 越来越多，我们要为用户画像做标签，分为固有属性、推导属性、行为属性、态度属性、测试属性。

6.7　用户需求

可以通过以下方式获得用户需求。

1）公开信息：包括新闻（百度新闻、科技媒体、微信搜索）、大众评论（微博、微信、知乎）、相关领域的网站和论坛、各种互联网分析网站（如艾瑞咨询、企鹅智酷等）。

2）用户调查：在线问卷（问卷星等）、线下问卷，还可以委托代理公司等。

3）用户访谈：找到目标用户中较高质量的进行跟踪访谈。高质量的定义一般是在领域内资深、对产品体验要求高、有话语权，以及擅于表达的行业专家、同类产品从业者。与他们访谈可以获得更落地、更真实以及更深入的一些信息。

4）产品本身的反馈渠道：比如种子用户群，投诉邮件，App 开发博客下的评论及商店的评论。

5）用友盟手机助手等数据软件埋点产品内部，获取用户的使用行为数据后，分析用户的喜好和偏重。

6）分析竞品及公司战略目标获取，比如竞品是否有没满足用户的地方，或者最近的产品趋势等。

KANO 模型由东京理工大学教授狩野纪昭（Noriaki Kano）提出，用于用户需求的分类和优先级排序，如图 6-10 所示。如图 6-11 所示为马斯洛 7 层需求。

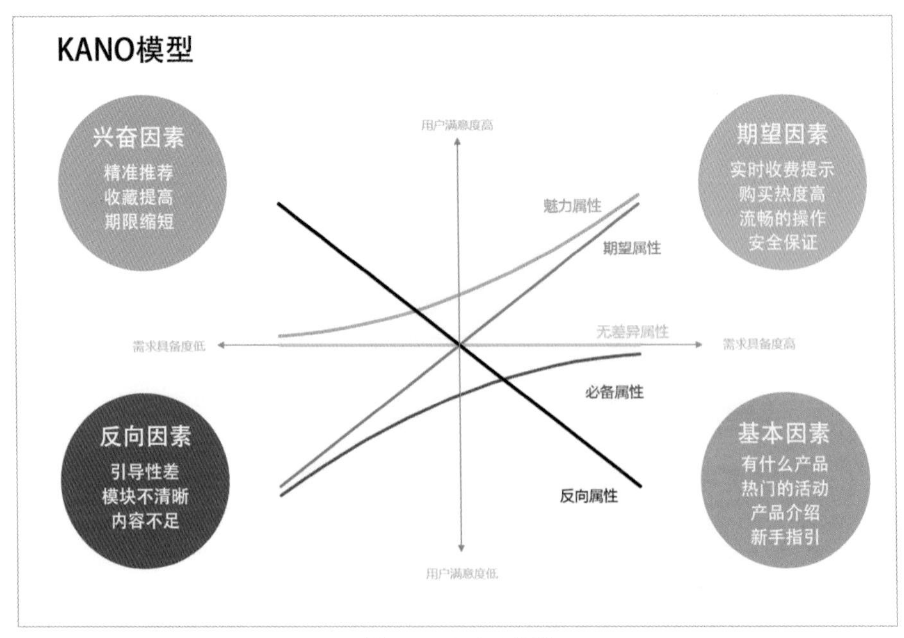

图 6-10　KANO 模型

根据以上 KANO 模型，5 个评价指标如下。

1）魅力属性：让用户感到惊喜的属性，如果不提供此属性，不会降低用户的满意度，一旦提供魅力属性，用户满意度会大幅提升。

2）期望属性：如果提供该功能，客户满意度提高；如果不提供该功能，客户满意度会随之下降。

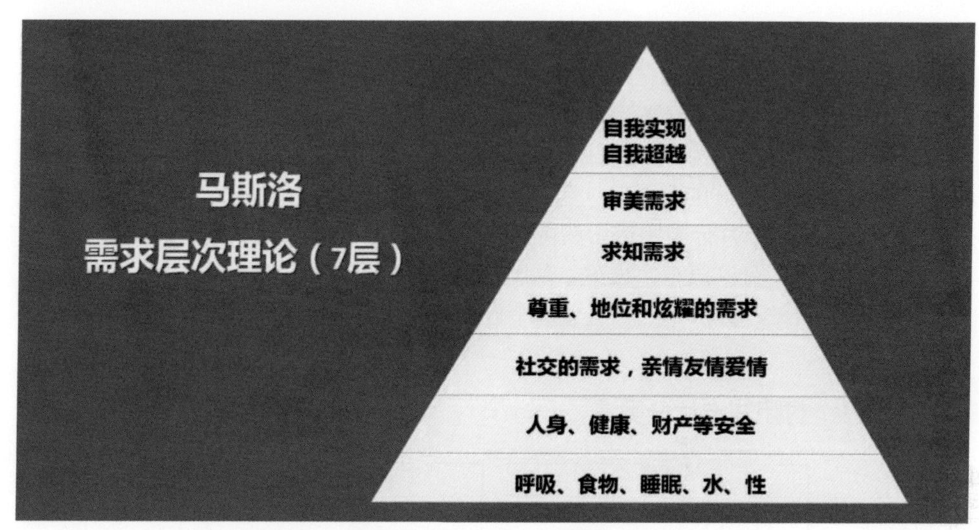

图 6-11　马斯洛 7 层需求

3）必备属性：这是产品的基本要求，如果不满足该需求，用户满意度会大幅降低。但是无论必备属性如何提升，客户都会有满意度的上限。

4）无差异属性：无论提供或不提供此功能，用户满意度不会改变，用户根本不在意有没有这个功能。这种费力不讨好的属性是需要尽力避免的。

5）反向属性：用户根本都没有此需求，提供后用户满意度反而会下降。

6.8　卡片分类法确定 App 功能分类

卡片分类法主要是用于了解用户对于网站、App 导航和架构的心理模型，如图 6-12 所示。一般形式分为两种：开放式和封闭式。

图 6-12　卡片分类法

开放式卡片分类：为测试用户提供带有 App 功能及内容但未经过分类的卡片，让他们自由组合并且描述出摆放的原因。开放式卡片分类能为新的或已经存有的网站和产品提供合适的基本信息架构。

封闭式卡片分类：为测试用户提供 App 建立时已经存有的分组，然后要求将卡片放入这些已经设定好的分组中。封闭式卡片分类主要用于在现有的结构中添加新的内容或在开放式卡片分类完成后获得额外的反馈。

例如：飞机、公共汽车、火车、草地、青蛙、叶子。

封闭式分类法：提供自然和机械两个分类，让用户把内容归入分类下，如图 6-13 所示。

封闭式卡片分类法

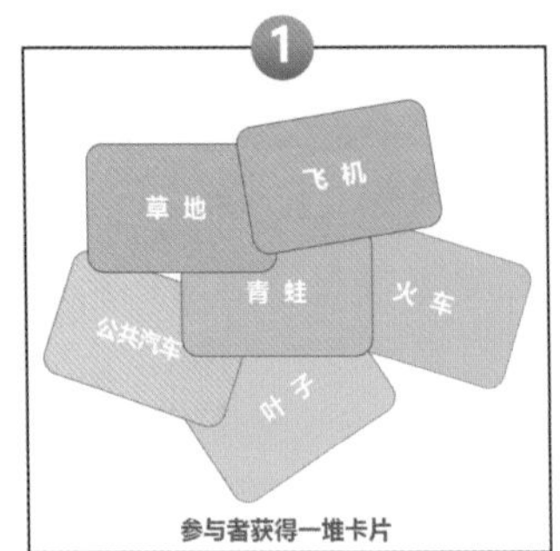

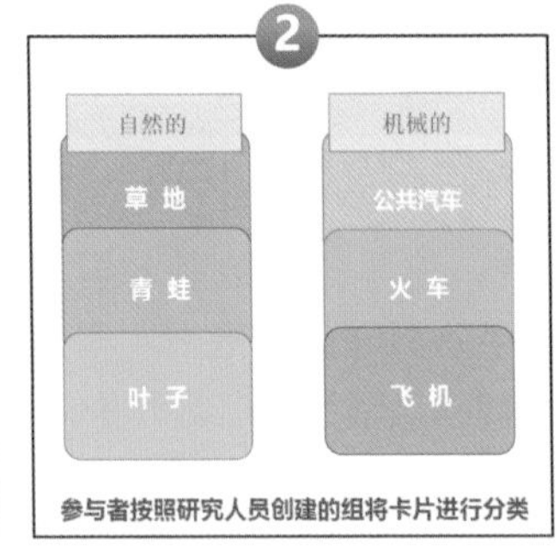

图 6-13　封闭式卡片分类法

开放式分类法：让用户自觉去分类，最后得到绿色的东西和车辆两个分类，如图 6-14 所示。

开放式卡片分类法

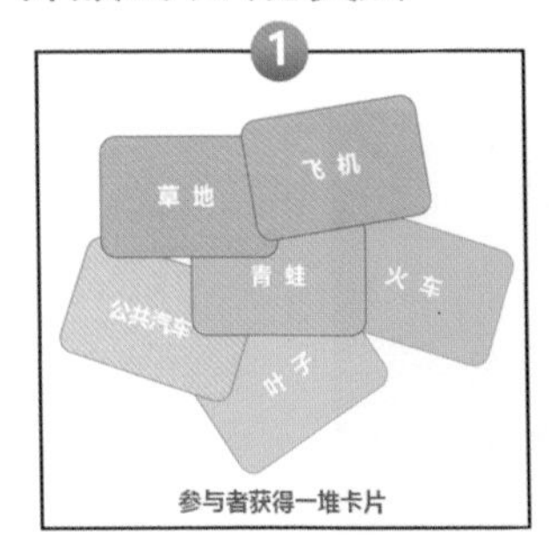

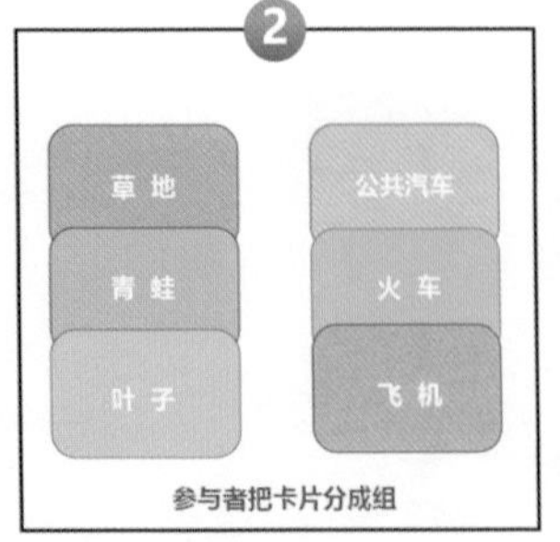

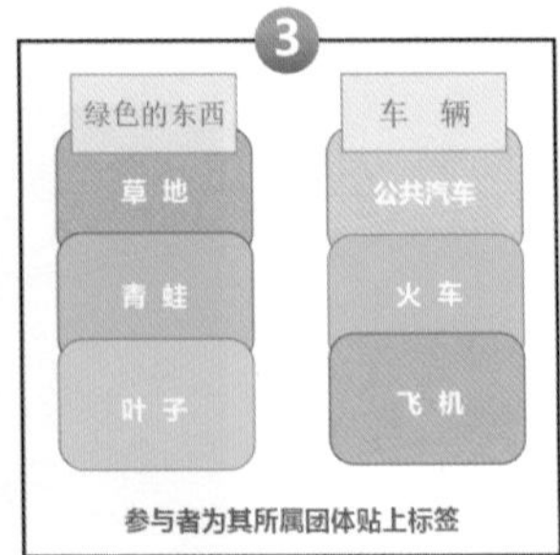

图 6-14　开放式卡片分类法

6.9　开发版本的功能优先级

早期在调研环节，会出现大量的功能需求，但是我们需要做一下功能的优先级分类。我们可以用几个指标来分析功能是否需要优先在当前版本开发。

1）功能开发成本（难易度，包括时间成本及技术成本、人员成本、服务器成本）。

2）使用用户数量（有多少人需要这个功能，如果只是 2% 的用户，这个功能可以靠后）。

3）用户感知度（这个功能修改后，用户是否能及时发现，不容易感知的功能可以靠后）。

4）功能使用频率（如果是使用频率很高的常用功能，可以提高优先级）。

5）功能的独特性（如果这个功能非常有核心竞争价值，技术壁垒及垄断性可以提高优先级）。

6）竞品是否具备（竞品如果具备，可以提高优先级）。

7）功能需求急迫程度（紧急的功能可以提高优先级，比如数据安全漏洞、赶热点等）。

8）用户兴奋性需求（这个功能增加以后，对用户非常具有吸引力，或者变现转化力）。

用以上 8 个方面给悬而不决的功能排 1 ～ 10 等级的优先级，然后一一打分，最后得分，就可以排出功能优先级。优先级靠后的功能，可以放到后期的版本再开发，一阶段一阶段完成当前版本目标。如图 6-15 所示为 App 产品生命周期。

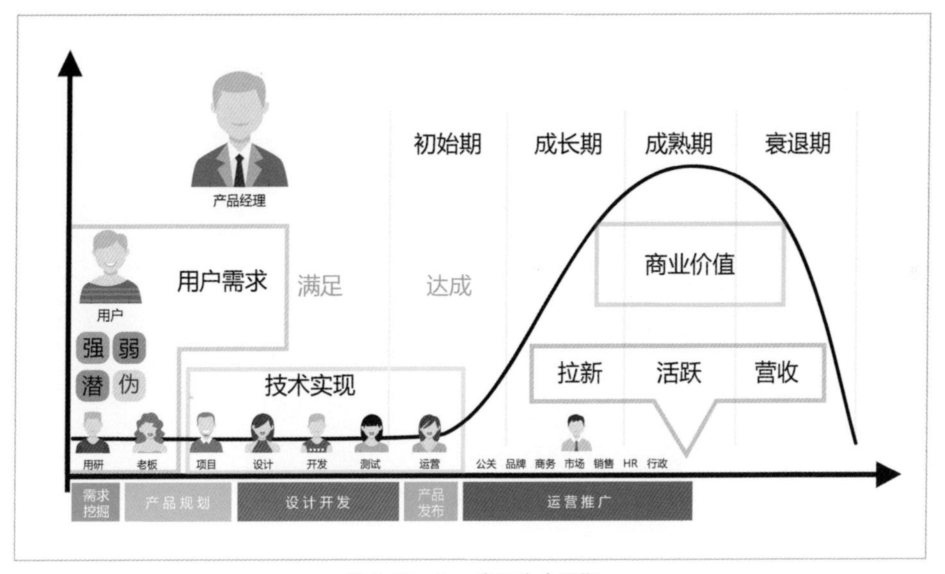

图 6-15　App 产品生命周期

第

7

章

基础色彩原理和 App UI 的配色

◇◆ 7.1　色彩的概念

我们肉眼所见的颜色，分为无彩色和有彩色两种。红外线、紫外线、其他有色光不在讨论范畴内。

无彩色：即我们通常所说的黑白灰。

有彩色：即我们通常所说的除黑白灰外，赤、橙、黄、绿、青、蓝、紫等各种深浅不一，或者混合的彩色。

色彩的术语如下。

- 色相（Hue）：即各类色彩的相貌称谓。
- 色彩饱和度（Saturation）/ 色度（Chroma）：颜色的整体强度或者亮度。
- 明度（Value）：色彩的明暗程度。
- 色调（Tone）：是纯色和灰色组合产生的颜色，也可以说是一幅画中画面色彩的总体倾向。
- 色度（Shade）：是纯色和不同比例的黑色混合产生的颜色，即色彩的纯度。
- 色彩（Tint）：是纯色和白色混合产生的颜色。一种色相（Hue）通过加入不同比例的白色能够产生不同的颜色。

颜色的三要素，由色相、明度和饱和度（彩度）组成。

色相是指色彩的相貌，色相被用来区分颜色。根据光的不同波长，色彩具有红色、黄色或绿色等性质，这被称之为色相。具体参考色相环及其他色彩模型，如图 7-1 所示。

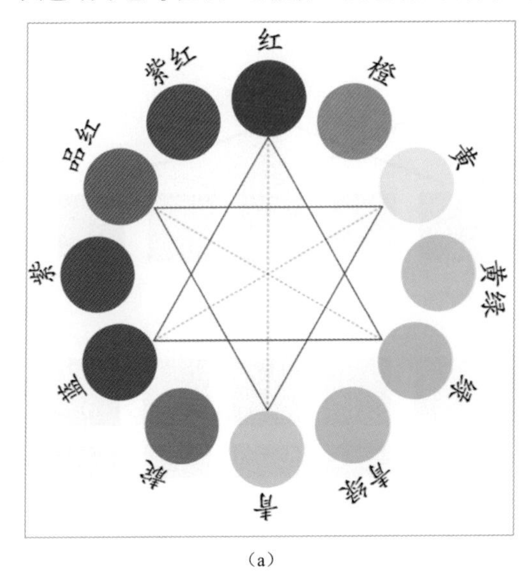

（a）

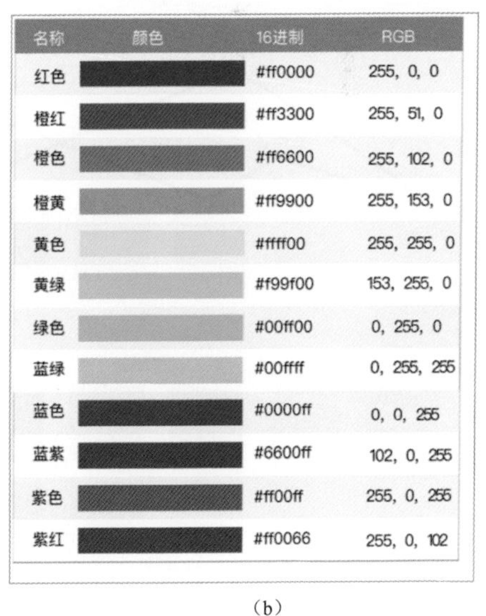

名称	颜色	16进制	RGB
红色		#ff0000	255, 0, 0
橙红		#ff3300	255, 51, 0
橙色		#ff6600	255, 102, 0
橙黄		#ff9900	255, 153, 0
黄色		#ffff00	255, 255, 0
黄绿		#f99f00	153, 255, 0
绿色		#00ff00	0, 255, 0
蓝绿		#00ffff	0, 255, 255
蓝色		#0000ff	0, 0, 255
蓝紫		#6600ff	102, 0, 255
紫色		#ff00ff	255, 0, 255
紫红		#ff0066	255, 0, 102

（b）

图 7-1　色相环及色值

明度是色彩从亮到暗的明暗程度。黑色的绝对明度被定义为 0（理想黑），而白色的绝对明度被定义为 100（理想白），其他系列灰色则介于两者之间。

色调：我们把颜色从白到黑等分为 9 等分或者 N 个层级，高明度的 1/3 称为亮调或高调，中明度的 1/3 称为中调，低明度的 1/3 称为暗调或低调。

长调和短调：我们把跨度大于等于 50% 的配色称为长调，跨度小于等于 30% 的配色称为短调。

不同的色彩调子组合可以体现不同的画面情绪。

如图 7-2 所示为明度及调子。如图 7-3 所示为长短调视觉情感。

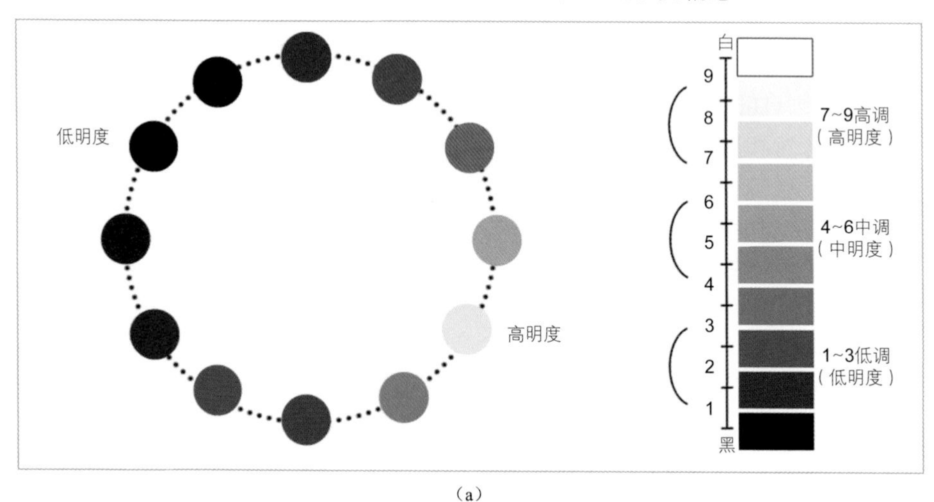

（a）

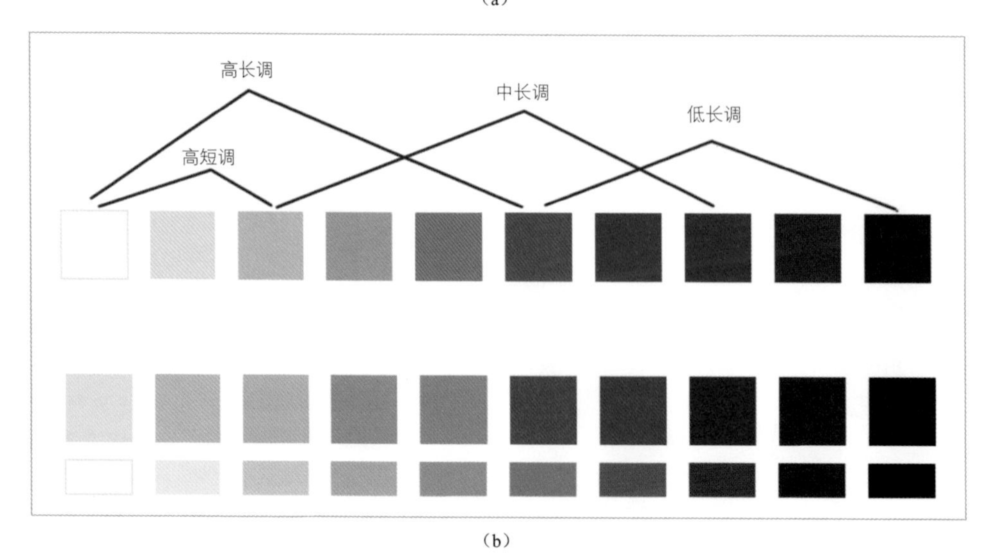

（b）

图 7-2　明度及调子

纯度通常是指色彩的鲜艳度。从科学的角度看，一种颜色的鲜艳度取决于这一色相发射光的单一程度。色彩的纯度强弱，是指色相感觉明确或含糊、鲜艳或混浊的程度。如图 7-4 所示为彩度饱和度模型。

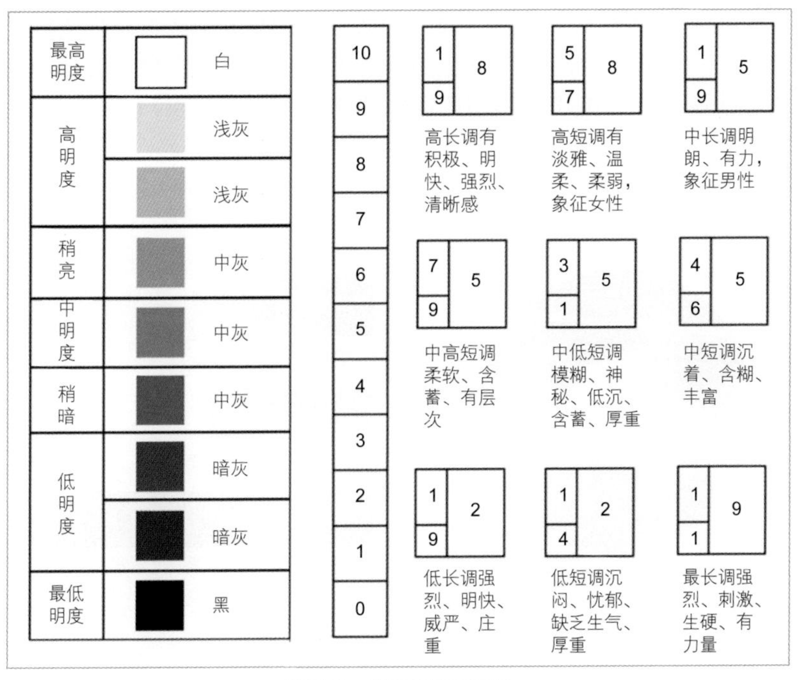

图 7-3　长短调视觉情感

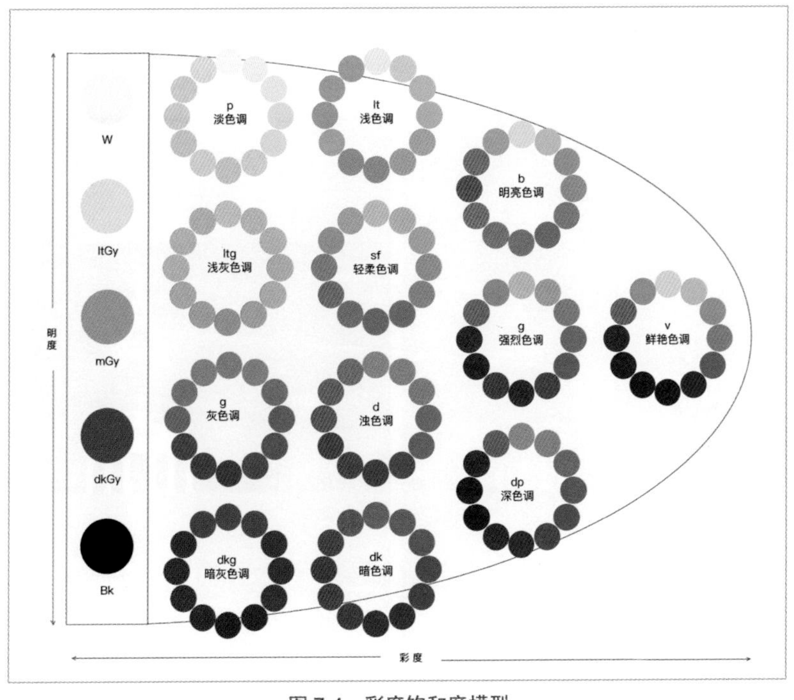

图 7-4　彩度饱和度模型

高纯度色相加白或黑，可以提高或减弱其明度，但都会降低它们的纯度。如加入中性灰色，也会降低色相纯度。根据色环的色彩排列，相邻色相混合，纯度基本不变（如红黄相混合所得的橙色）。对比色相混合，最易降低纯度，以至成为灰暗色彩。色彩的纯度变化，可以产生丰富的强弱不同的色相，而且使色彩产生韵味与美感。

三原色，红、蓝、黄；二次衍生色，橙、绿、紫；三次衍生色……

如图 7-5 所示为原色和衍生色。

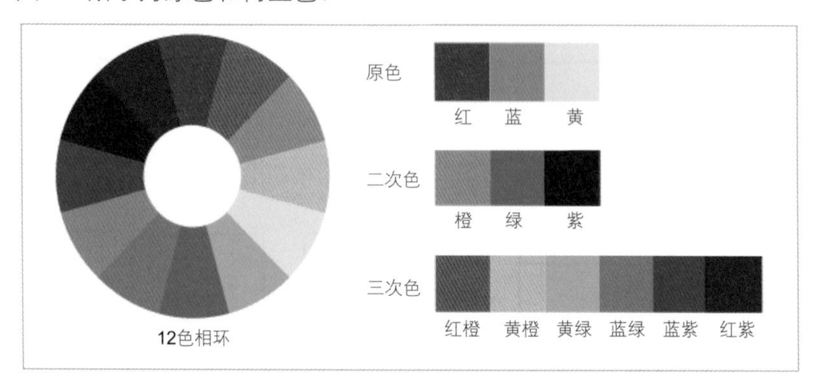

图 7-5 原色和衍生色

如图 7-6 所示为单色和多色配色 App。

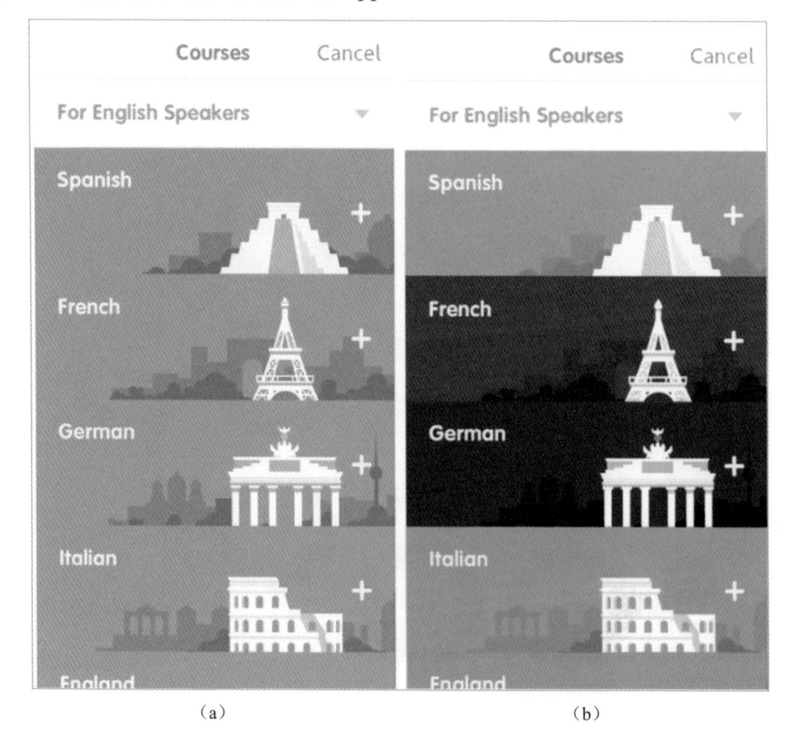

（a）　（b）

图 7-6 单色和多色配色 App

如图 7-7 所示为复色。

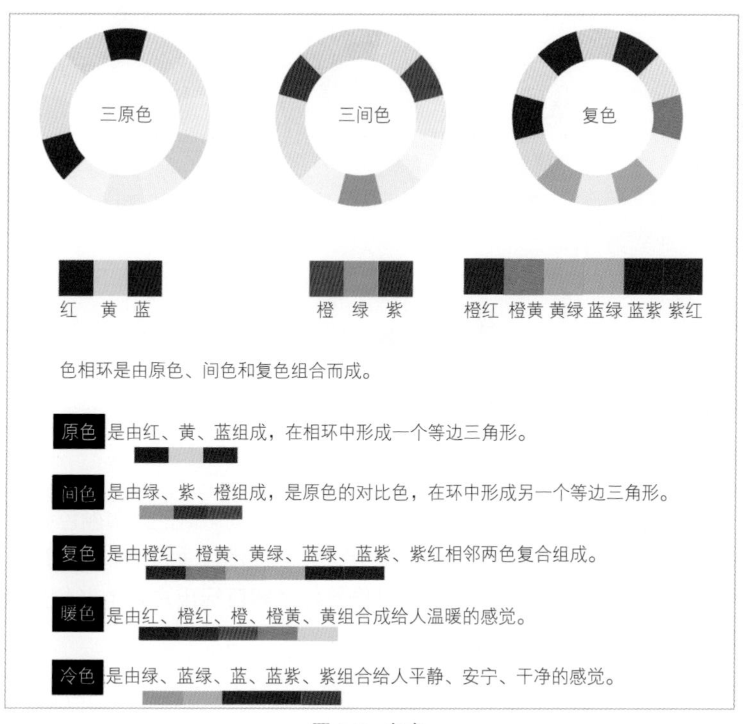

图 7-7　复色

4 种配色方案如图 7-8 所示。

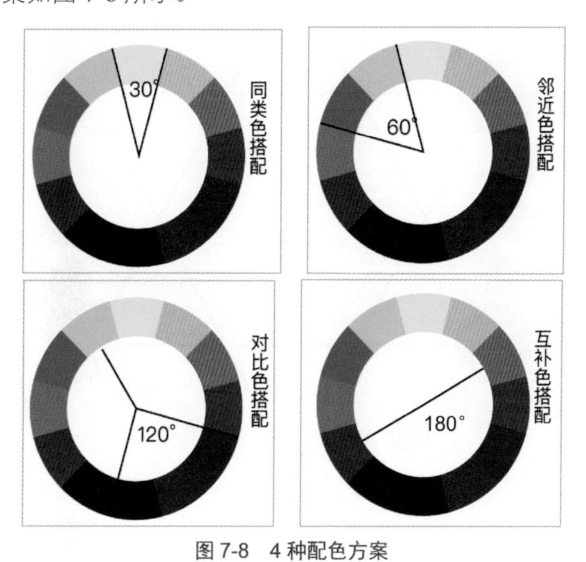

图 7-8　4 种配色方案

同类色：30°；邻近色：60°；对比色：120°；互补色：180°。

更多的配色方案如图 7-9 所示。

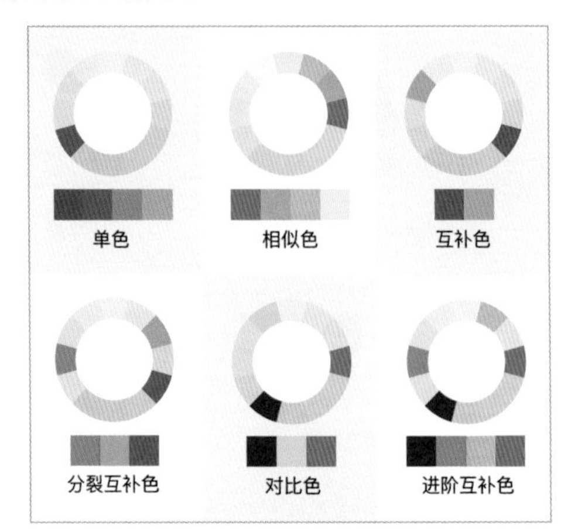

图 7-9　更多的配色方案

关于色彩的情感和冷暖，大家要注意的一点就是，不同地区的人对颜色有不同的理解，在中国，红色表示喜庆，如发红包。而在西方红色代表危险，如流血。在国外，股票涨是绿色，跌是红色。所以，大家在做设计的时候最好了解目标用户对色彩的理解和喜好。

如图 7-10 所示为冷暖色模型。

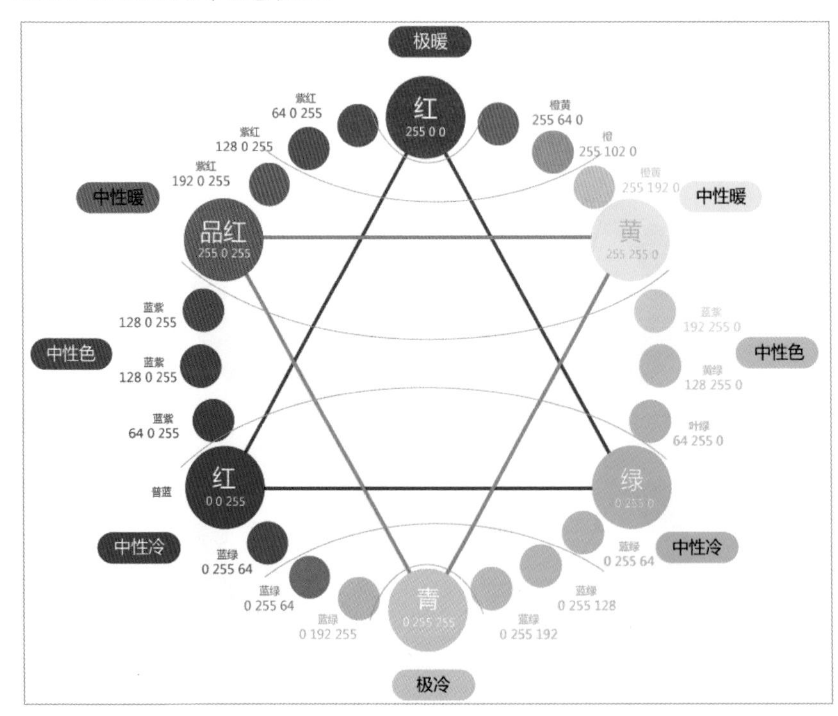

图 7-10　冷暖色模型

如图 7-11 所示为色彩情感模型。

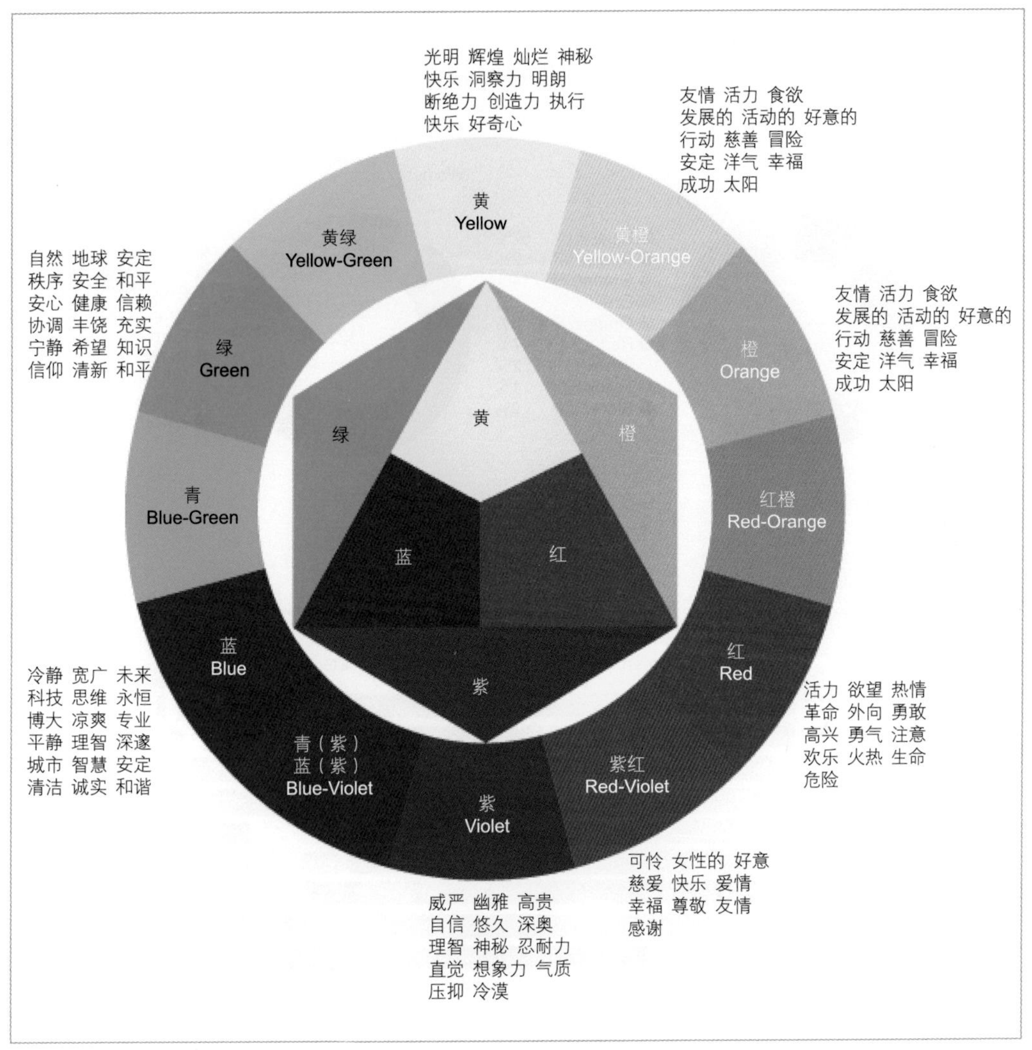

图 7-11　色彩情感模型

如图 7-12 所示为各个不同国家的人对色彩的喜好。

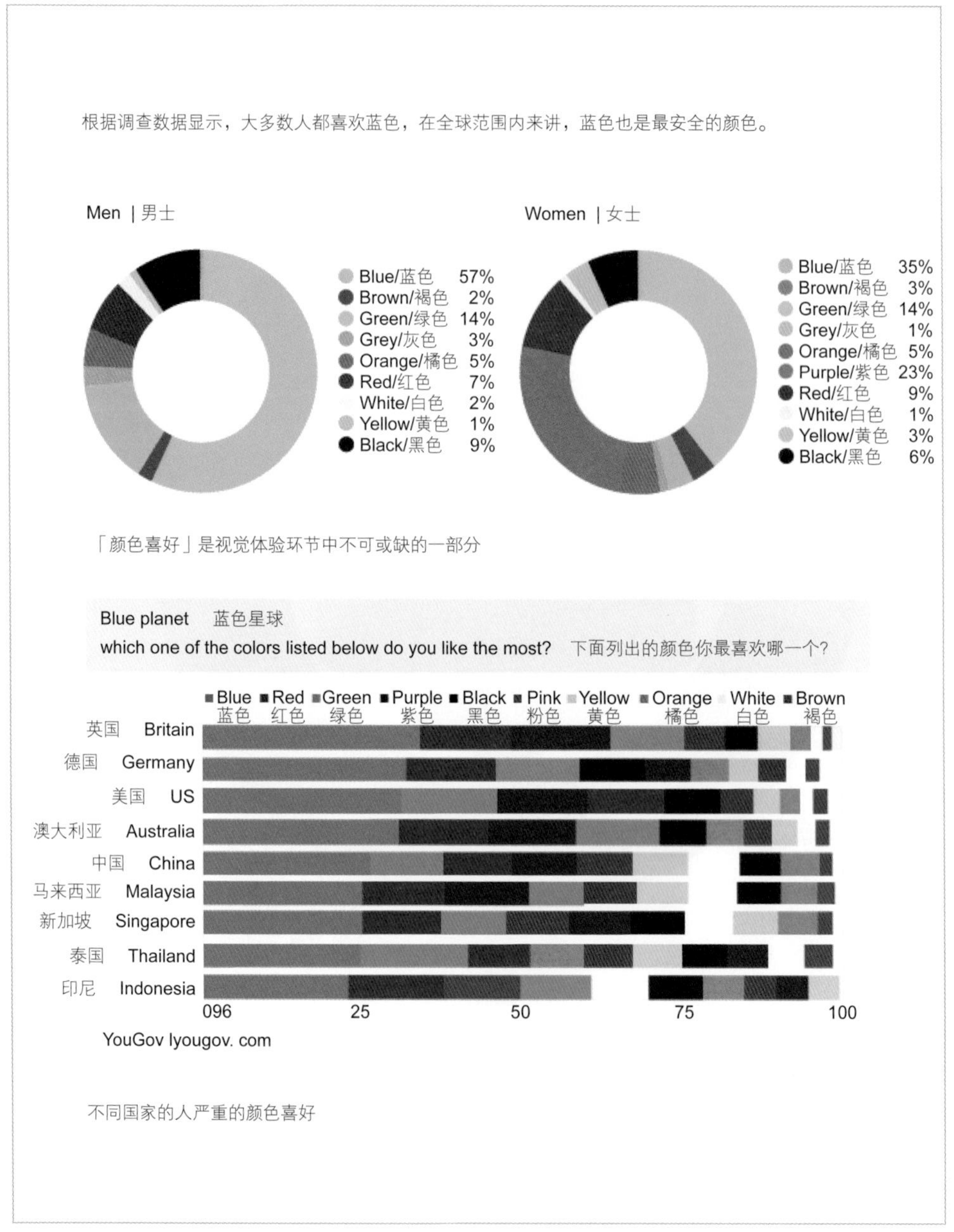
根据调查数据显示，大多数人都喜欢蓝色，在全球范围内来讲，蓝色也是最安全的颜色。
Men | 男士
Blue/蓝色 57%
Brown/褐色 2%
Green/绿色 14%
Grey/灰色 3%
Orange/橘色 5%
Red/红色 7%
White/白色 2%
Yellow/黄色 1%
Black/黑色 9%
Women | 女士
Blue/蓝色 35%
Brown/褐色 3%
Green/绿色 14%
Grey/灰色 1%
Orange/橘色 5%
Purple/紫色 23%
Red/红色 9%
White/白色 1%
Yellow/黄色 3%
Black/黑色 6%
「颜色喜好」是视觉体验环节中不可或缺的一部分
Blue planet 蓝色星球
which one of the colors listed below do you like the most? 下面列出的颜色你最喜欢哪一个?
Blue 蓝色 Red 红色 Green 绿色 Purple 紫色 Black 黑色 Pink 粉色 Yellow 黄色 Orange 橘色 White 白色 Brown 褐色
英国 Britain
德国 Germany
美国 US
澳大利亚 Australia
中国 China
马来西亚 Malaysia
新加坡 Singapore
泰国 Thailand
印尼 Indonesia
096
25
50
75
100
YouGov lyougov. com
不同国家的人严重的颜色喜好

图 7-12 各个不同国家的人对色彩的喜好

◇◆ 7.2　App 配色概念

7.2.1　App 基础色彩构成

App 所用的配色方案为自发光的 RGB 色系，如图 7-13 所示。

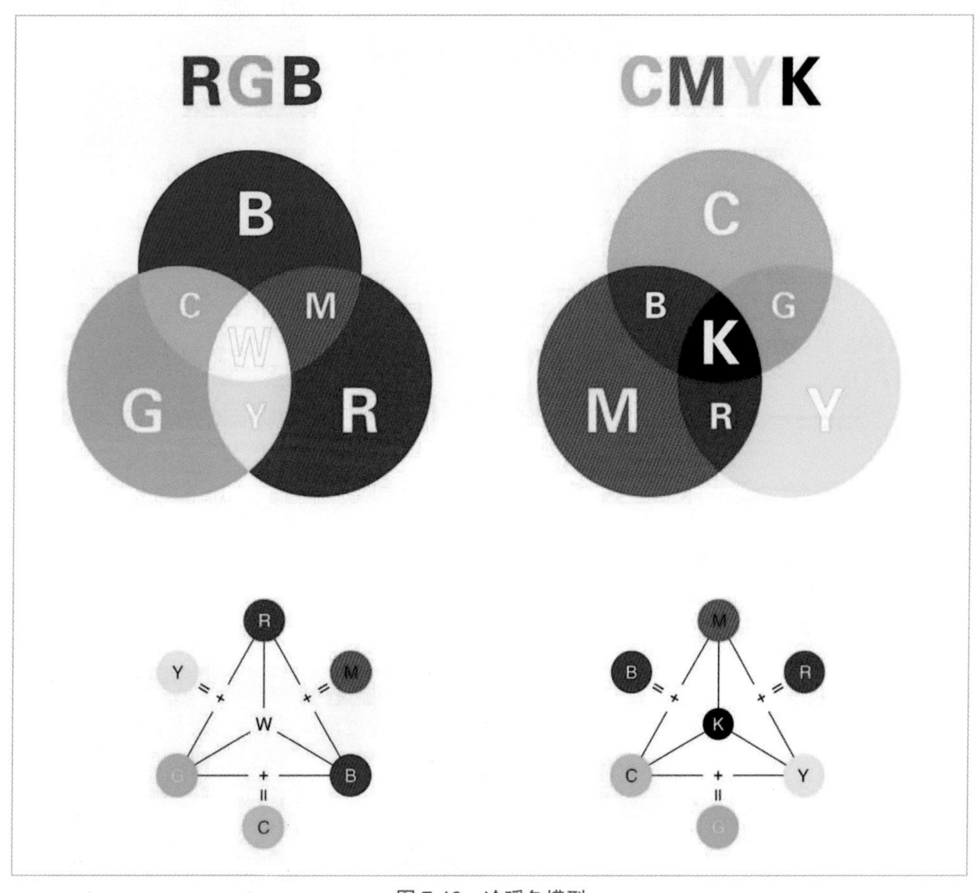

图 7-13　冷暖色模型

一套 App 配色基本由背景色、主题色、辅助色、点睛色 4 种色调组成。

1）背景色：分为浅色基地（白基）、深色基地（黑基）、彩色基地（灰基）。

2）主题色：主题色是由除了基地背景色外占最多体积的色调组成，主色调也可由几个颜色混合的渐变色组成。

3）辅助色：辅助主色，使画面细节更丰富，辅助色也可由呼应主色调内容的图片辅助。

4）点睛色：引导阅读，装饰页面，让页面的元素信息层级井然有序。

如图 7-14 所示为白底和彩底及黑底配色的 App。

（a）

（b）

（c）

图 7-14　白底和彩底及黑底配色的 App

7.2.2　前进色和后退色元素的色彩信息层级

前进色和后退色如图 7-15 所示。

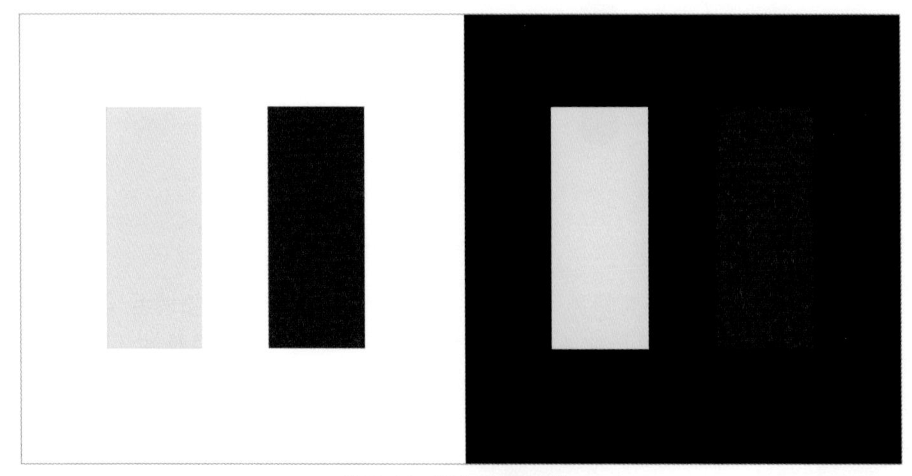

图 7-15　前进色和后退色

如图 7-16 所示为 App 中的元素色彩信息层级。比如机场和机票这两个页面，地图为暗色背景色，而路线就是亮蓝色为前进色、点睛色。下方弹窗白色压在地图上为前景色区域，按钮亮蓝色为点睛引导区域。机票页面，红色为背景色，白色为前景卡片区域，两个城市 MUC 和 SFO 为重要功能色，时间和座位登机口为点睛色，按钮和二维码为点睛色。

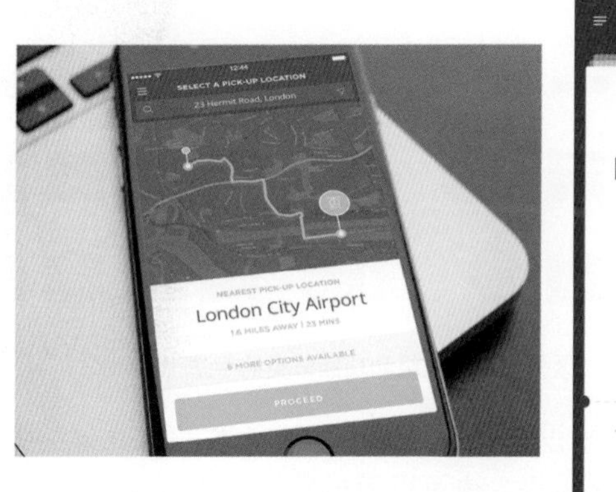

图 7-16　App 中的元素色彩信息层级

小提示

优秀的 UI 界面，每个页面上功能和内容都会分主次信息层级，凸显重要的内容，弱化不重要的内容，好的 UI App 页面应该在第一时间让用户看到自己想看到的内容，节约用户时间。在用户使用过程中，用色彩和图标及元素摆放位置，很好地引导用户实现在这个软件上想要实现的操作任务和目的。

7.2.3　凸显 App 页面 UI 元素和文字的多种方法

如图 7-17 所示为文字信息层级高低的表现技法。

图 7-17　文字信息层级高低的表现技法

文字可以用颜色、粗细、深浅、大小等方法来区分谁更重要，甚至还可以在色彩前面加上图标、色块，底下加下画线或者加删除线来使得文字相对其他文字更加明显或者减弱。如图 7-18 所示为区分元素优先级和功能分类的手法。

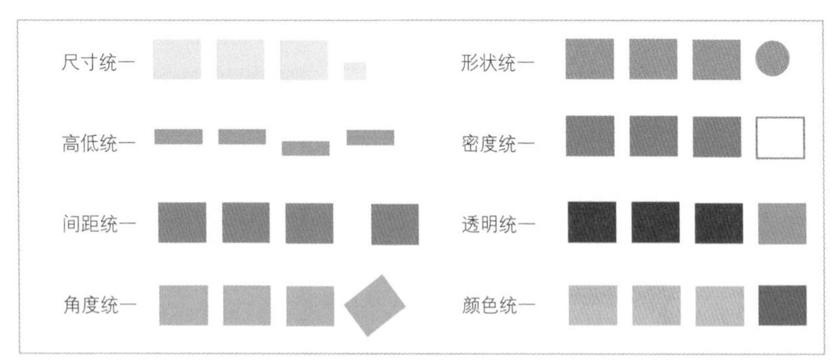

图 7-18　区分元素优先级和功能分类的手法

我们可以使用格式塔理论来设计元素之间的对比关系和从属分类关系，尺寸一致的、类似的功能的图标靠得更近等，也可以用相反的手法凸显这些 UI 元素。

格式塔原则 - 接近性（Proximity）：物体间距影响我们对它们关系的感知，距离较近的物体看起来组成了一个整体，距离较远的则不是。

格式塔原则 - 相似性（Similarity）：如果不同元素在形状、颜色、阴影或其他特征上彼此相似，那么这些相似的元素看起来就自然组合为一组。

如图 7-19 所示为格式塔接近性和相似性。

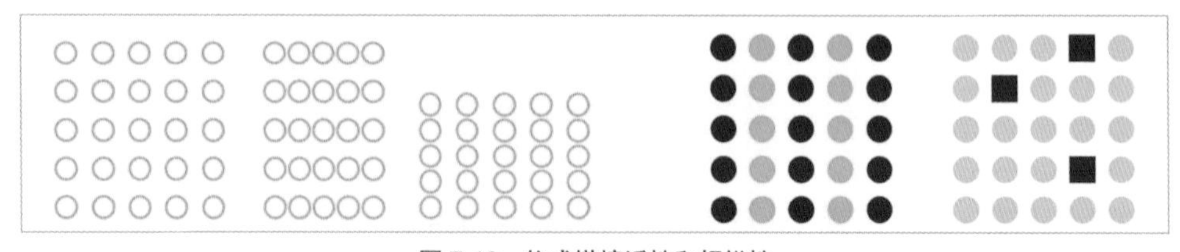

图 7-19　格式塔接近性和相似性

格式塔原则 - 连续性（Continuation）：格式塔心理学上所指的连续性是指对线条的一种特殊知觉，人们在知觉过程中往往倾向于使知觉对象的直线继续成为直线，曲线继续成为曲线，持续延伸。

格式塔原则 - 共同命运（Common fate）：之前介绍的格式塔原理都是针对静态图形，而共同命运这一原理则涉及运动的物体，一起运动的物体会被感知为属于一个整体或者彼此相关。

如图 7-20 所示为格式塔连续性和共同命运。

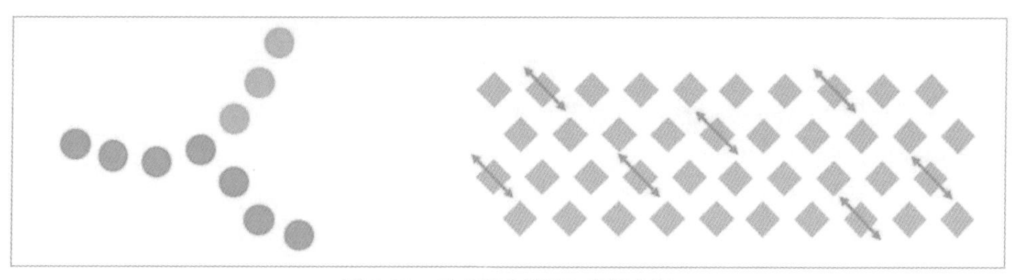

图 7-20　格式塔连续性和共同命运

7.2.4　当下最流行的 4 大类配色方案

单色渐变，这几年流行的 UI 配色为糖果色，及彩虹流体渐变；而双色渐变又分为艳色系和浅色系及深色系 3 种，前几年为纯扁平配色。我们需要按照 App 的企业色、产品风格、目标用户群喜好去配色。一般 UI 出方案的时候，会多出几套配色供客户及上级挑选，因为一个 App 的配色不是单单由 UI 设计师喜好决定的，其关系到整个公司这条产品线的成败。所以，尽可能在配色完毕后，用投票方法获取得票率最高的方案，或者你们公司谁能拍板听谁的。

如图 7-21 ～图 7-24 为 4 大类配色方案。

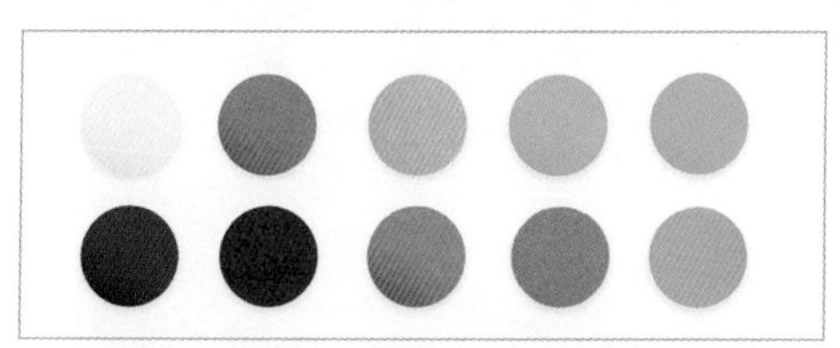

图 7-21　单色渐变

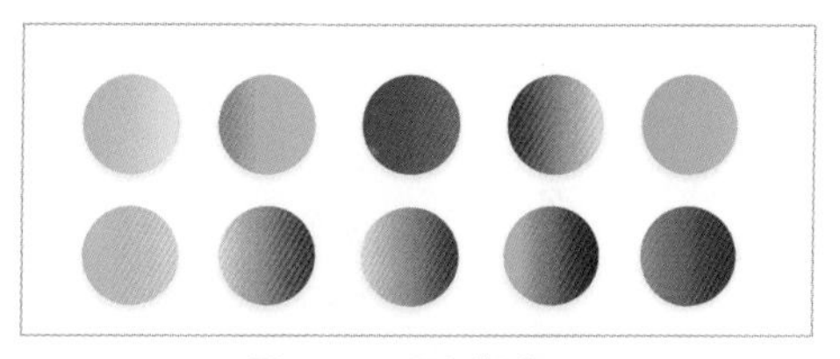

图 7-22　双色渐变

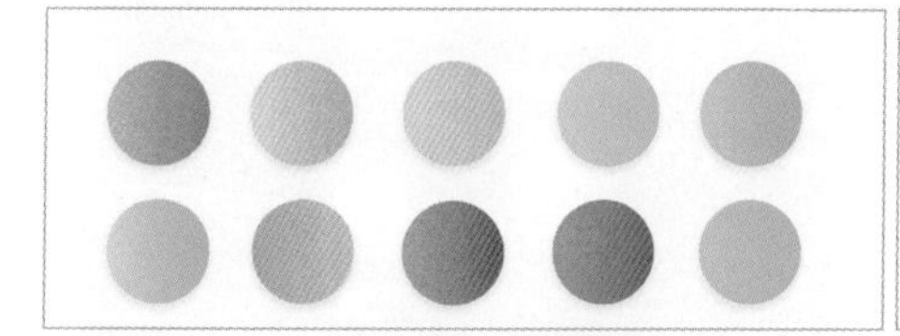

图 7-23　浅色渐变

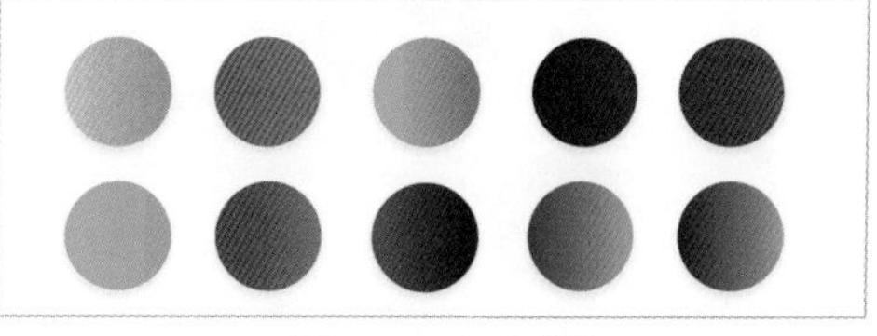

图 7-24　深色渐变

更多的 App 渐变配色方案举例如下。

一般电商类 App 多以橘色、红色、粉色等暖色为主要配色，因为用户群大部分为女性，又需要激发人们的购买欲。但是高端购物 App 也有很多黑金、黑白冷淡系配色，不是一概而论。

一般医疗、科技、旅游类产品以绿色、蓝色为主要配色，但是也有一部分医疗美容产品用粉色，旅游类产品用柠檬黄如蚂蜂窝和飞猪旅行，还有一些民宿类 App 比如爱彼迎是红色的。

一般音乐类 App 多以绚紫、紫红为主要配色，也有小部分文艺类的为红白、绿白、黑金为配色。

一般理财类 App 多以橘色、紫蓝、土豪金、红色或者黑底为主要配色，尽可能不要用绿色，感觉会跌。

一般美食类 App 多以米黄色、咖啡色、粉红色等烘焙色为主，当然也有一些高端的会用黑金，绿色食品冷链会走蓝绿色路线。

当然例子还有很多，大家可以多分析竞品，自己总结各类 App 的配色，就不在此赘述了。

小提示

当页面上颜色太多的时候，我们可以用大面积白色和黑色（深色）去和谐统一颜色，如图 7-25 所示。

（a）　　　　　　　　（b）

图 7-25　白色和多彩色页面

如图 7-26 和图 7-27 所示为更多 App 单色、渐变配色。

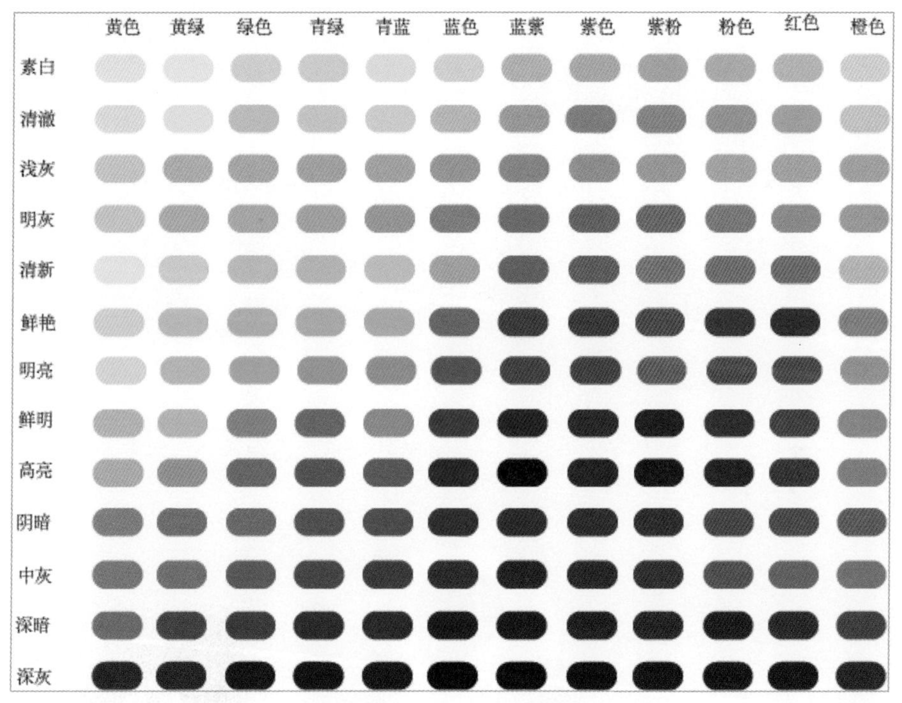

图 7-26　更多 App 单色配色

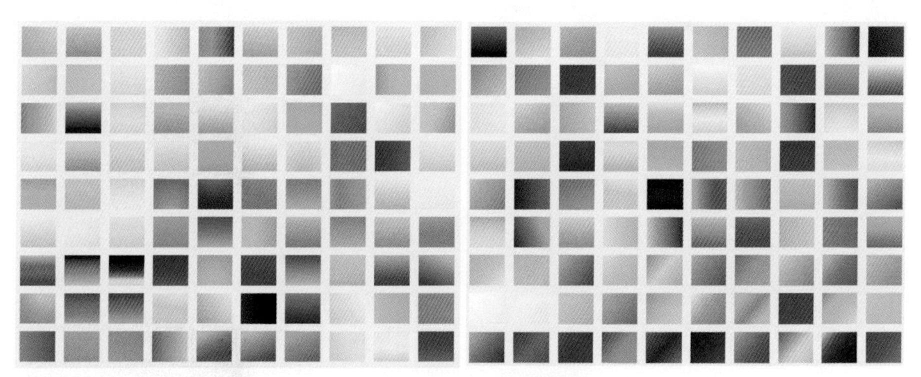

图 7-27　更多 App 渐变配色

第 8 章 App 的交互线框布局设计

8.1　流程图设计

流程图（Flow Chart）：用图示的方式反映出特定主体为了满足特定需求而进行的有特定逻辑关系的一系列操作过程。

流程图的 4 种基本结构：顺序结构、条件结构（又称选择结构）、循环结构和分支结构。

1. 流程图的常用符号意义

流程图的常用符号意义如图 8-1 所示。

元素	名称	定义
	开始或结束	表示流程图的开始或者结束
	流程	即操作处理，表示具体某一个步骤或者操作
	判定	表示方案名或者条件标准
	文档	表示输入或者输出的文件
	子流程	即已定义流程，表示决定下一个步骤的一个进程
	数据库	即归档，表示文件和档案的存储
	注释	表示对已有元素的注释说明
	页面内引用	即链接，表示流程图之间的接口

图 8-1　流程图的常用符号意义

2. 软件业务流程图设计

一般我们在写产品需求文档的时候，需要设计流程图，一般一个 PRD 里面会由几个大的主流程图 + 几个子模块的流程图构成。主流程图不需要很详细，只要描述大概的通用操作流程。而在具体业务模块下，再去设计详细的角色操作流程图。流程图设计完后，先切分业务模块，然后绘制线框图。如图 8-2 所示为一个注册页面的通用流程图。

作为制定一项交互设计工作计划的开端，我们可以从探寻以下几个问题开始。

1）为什么要做这个功能？（业务目的）

2）产品期望得到怎样的成果？（业务目标）

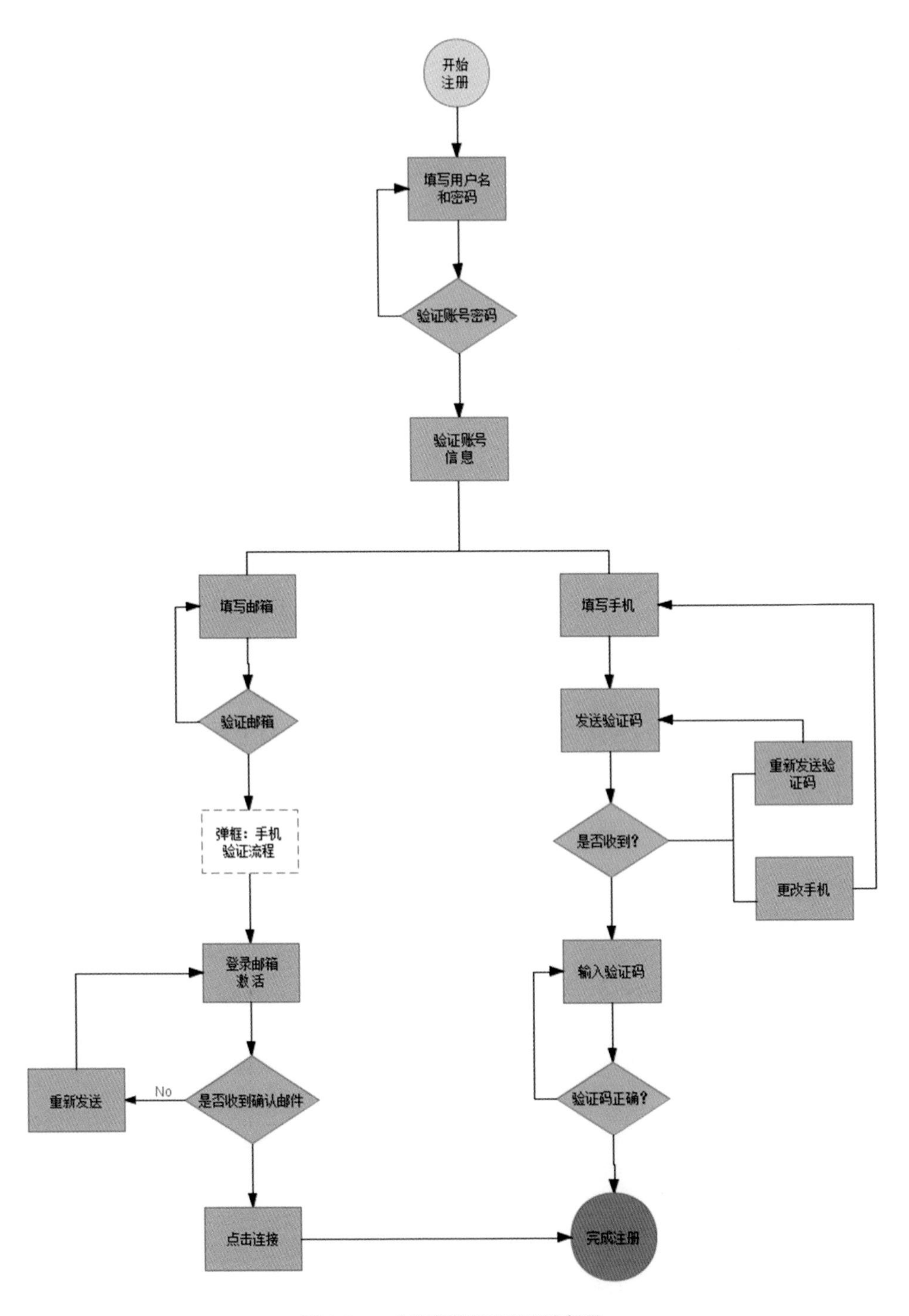

图 8-2　一个注册页面的通用流程图

3）谁来使用这个功能？（目标用户）

4）他们为什么要使用这个功能？（用户需求、体验目标）

5）如何让他们都来使用这个功能？（行为设计）

在了解这几个问题的基础上，逐步展开一系列的动作，有序落实交互设计的前期工作计划，主要包括：① 分析业务需求→② 分析用户需求→③ 分解关键因素→④ 归纳设计需求，明确设计策略。

8.2　手绘线框图

1. 页面功能模块的划分

根据产品需求确定模块划分和页面内容，为视觉和研发提供设计和开发标准。

线框图设计要素：界面内容、元素布局、优先顺序、关联分组。

线框图要做到以下几点。

结构：将产品的各个页面放到一起。

内容：页面显示内容是什么？

信息层次：如何组织和展示这些信息？

（布局）功能：页面如何工作，完成任务？

（视觉顺序）行为：与用户如何交互？

它是如何运转的？

线框图设计步骤：明确该页面功能和任务，确定设计页面所需信息内容，对页面信息内容进行布局，调整页面元素细节（尺寸、定位等）。

2. 手绘线框

可以买专门的手绘线框本和铁皮的手绘线框原型钢尺（图 8-3）。

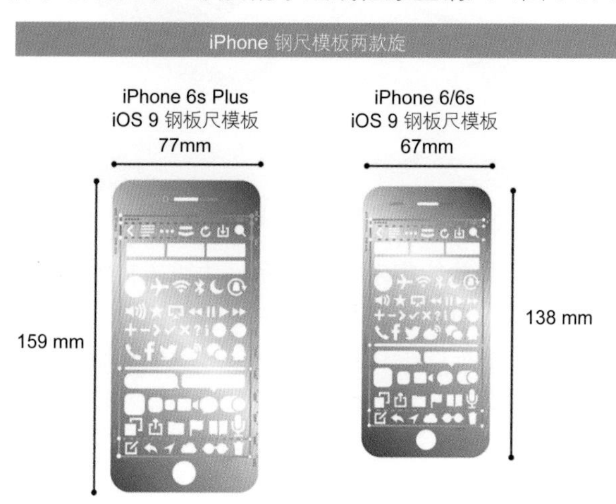

图 8-3　原型钢尺

如图 8-4 和图 8-5 所示为原型工作小组和手绘原型。

图 8-4 原型工作小组

图 8-5 手绘原型

手绘线框，一般在产品功能需求文档做完，功能拓扑图及重要流程设计完毕，然后开始把功能分配到各个页面上。有一些敏捷式开发时，会让设计师一边讨论，一边绘制手绘线框。手绘线框图的优势是，可以用最小的成本探讨设计可行性等问题。 所以，设计师平时应该多使用 App 竞品，使得自己对各类 App 版式非常熟悉。App 中比较重要的页面有注册、登录、首页、个人中心、设置、导航分类、播放器、各种列表、社交、购物车、照片库、侧滑、搜索、地图、社区、对话框、精品推荐等。

12 类常见 App 页面导航如图 8-6 所示。

图 8-6 12 类常见 App 页面导航

1）下导航：采用文字加图标的方式展现。一般有 3 ～ 5 个标签，大部分 App 选用这种导航，优点是可以不迷路地在各个模块中切换，缺点是会分割页面内容，占用一定的底部空间。

2）上导航：优点是用于较多的分类卡片，可以左右滑动，隐藏更多功能，缺点是需要双手操作。

3）舵式导航：优点是可以把常用功能或者重要功能居中醒目显示，缺点是图标数量只能单数。

4）瓦片式导航：优点是简约而不简陋，导航清晰、明显，缺点是进入模块后，要退出才能回到菜单。

5）列表式：优点是可以对内容非常多的数据进行不断加载滑动，缺点是单调容易引起疲劳。

6）弹出菜单：优点是形式新颖、节省空间，缺点是需要猜测和记忆内部功能。

7）瀑布流：优点是图片展示类可以一直下滑，视觉效果好，缺点是要找之前滑过去的图片，需要上下翻很久。

8）卡片翻转：优点是视觉效果好，动感强，缺点是耗损系统资源。

9）侧滑式：抽屉导航指的是一些功能菜单按钮隐藏在当前页面后，单击入口或侧滑即可像拉抽屉一样拉出菜单。这种导航设计比较适合于不需要频繁切换的次要功能，例如对设置、关于、会员、皮肤设置等功能的隐藏。缺点是需要猜测和记忆被隐藏的功能。

10）时间轴：优点是适合时间线发帖打卡性质的页面，缺点是页面记录信息有限，需要点入后查看。

11）数据可视化：优点是适合各种数据图表展示，缺点是耗费空间，并且开发烦琐。

12）自由添加模块：优点是可以让客户自由定义功能模块，缺点是开发麻烦，客户有学习成本。

3. App 线框设计（低保真原型设计）

线框图一般分为低保真、中保真和高保真。

低保真，一般文字加简单的色块线框，标示出大概布局和功能即可，手绘或者 Axure 自带功能即可。

中保真，基本加上了图标的形态，尺寸也比较精确，一些隐藏页面和操作提示会在旁边写明，拥有了简单的逻辑跳转。

高保真，基本和开发出来的上线版本 80% ～ 90% 类似了，有细腻的跳转动效，或者交互操作反馈，基本就是没连数据库的 ALPHA 版。

如图 8-7 所示为页面之间的跳转原型交互线框。

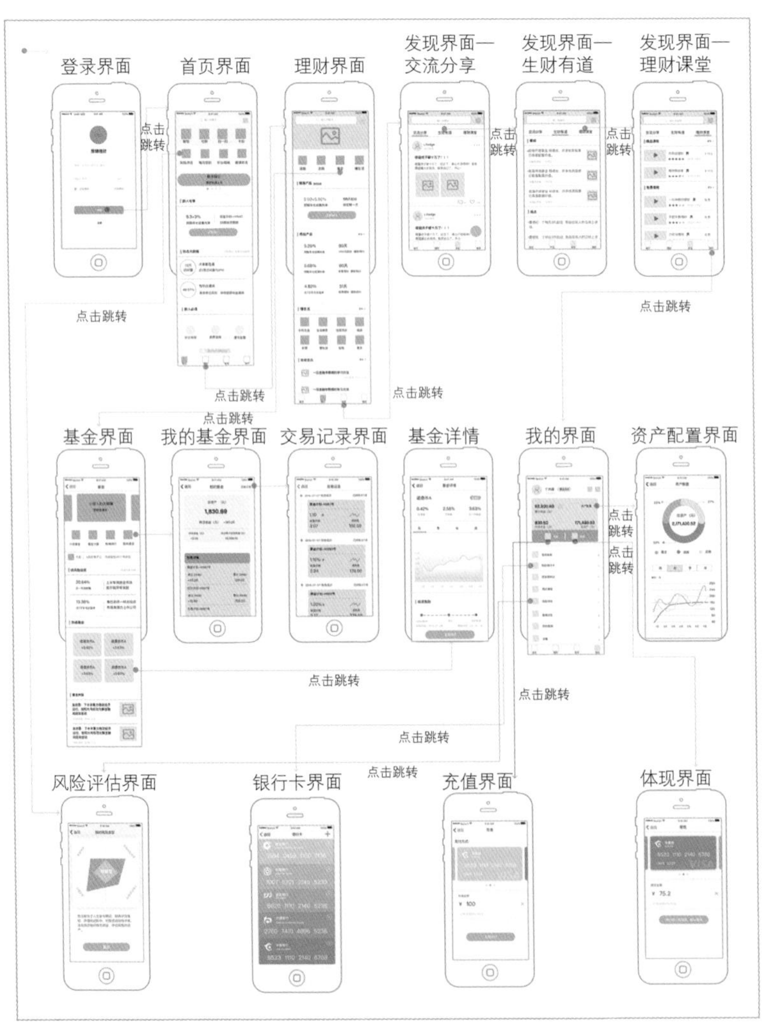

图 8-7　页面之间的跳转原型交互线框

4. 常见 App 交互跳转手势（图 8-8）

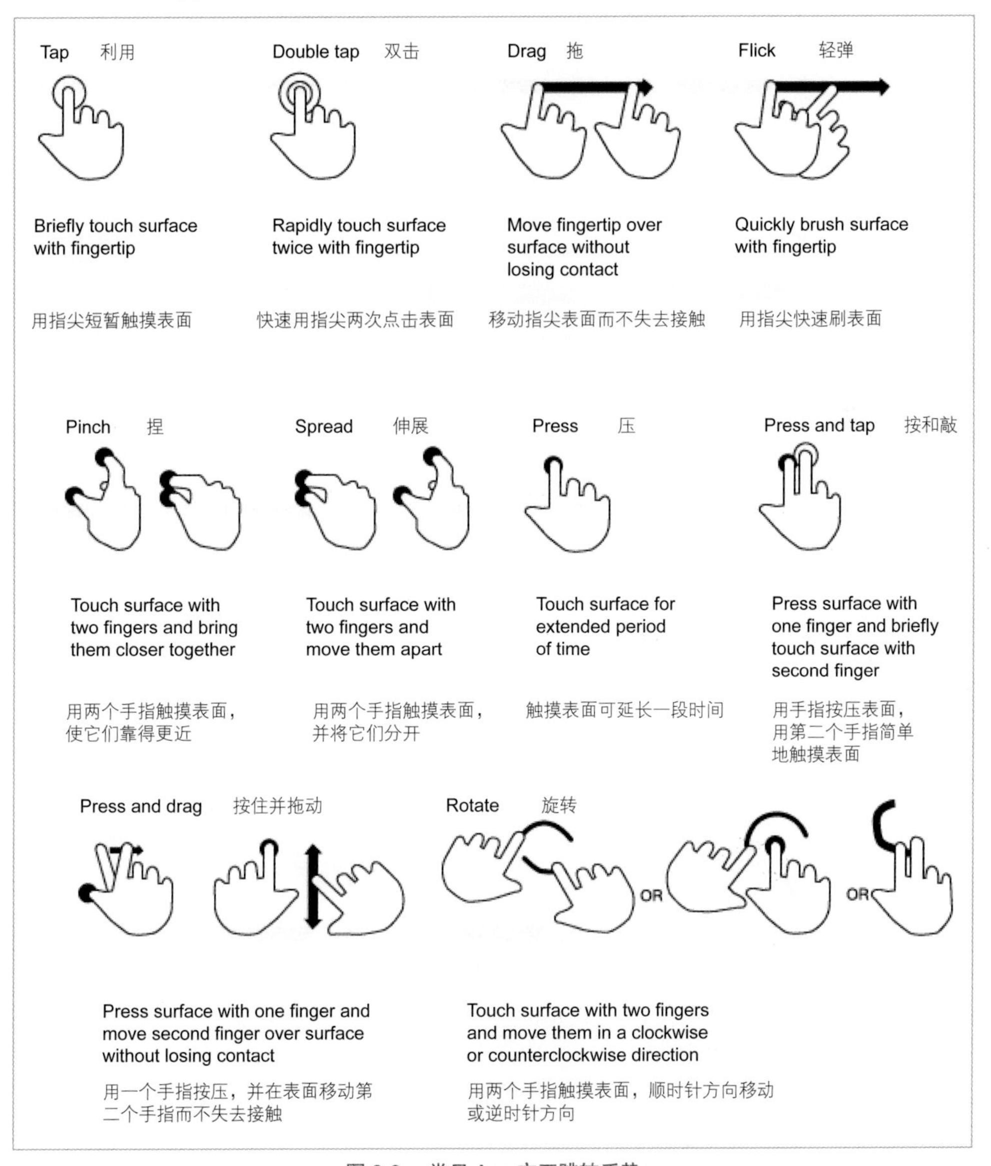
Tap　利用
Briefly touch surface with fingertip
用指尖短暂触摸表面
Double tap　双击
Rapidly touch surface twice with fingertip
快速用指尖两次点击表面
Drag　拖
Move fingertip over surface without losing contact
移动指尖表面而不失去接触
Flick　轻弹
Quickly brush surface with fingertip
用指尖快速刷表面
Pinch　捏
Touch surface with two fingers and bring them closer together
用两个手指触摸表面，使它们靠得更近
Spread　伸展
Touch surface with two fingers and move them apart
用两个手指触摸表面，并将它们分开
Press　压
Touch surface for extended period of time
触摸表面可延长一段时间
Press and tap　按和敲
Press surface with one finger and briefly touch surface with second finger
用手指按压表面，用第二个手指简单地触摸表面
Press and drag　按住并拖动
Press surface with one finger and move second finger over surface without losing contact
用一个手指按压，并在表面移动第二个手指而不失去接触
Rotate　旋转
OR
OR
Touch surface with two fingers and move them in a clockwise or counterclockwise direction
用两个手指触摸表面，顺时针方向移动或逆时针方向

图 8-8　常见 App 交互跳转手势

图 8-9 ～图 8-12 为 UEGOOD 学员 App 线框作业展示。做线框要注意合理性，在保证顶部标题栏、状态栏和底部导航栏尽力按官方系统 App 的尺寸外，可点击区域不要小于 44DP，也就是手指点击尽量不要按到另一个控件，出现误操作。同类功能和图标控件，使用一致的尺寸设计及同类控件集中在一起，不同的功能用不同的间距隔开，颜色上，尽量使用 5 ～ 7 个色阶区分功能块。同类的页面多去收集一些

排版，在手绘线框的时候，仔细推敲，尽量让页面视觉效果又好看，交互操作又方便合理。

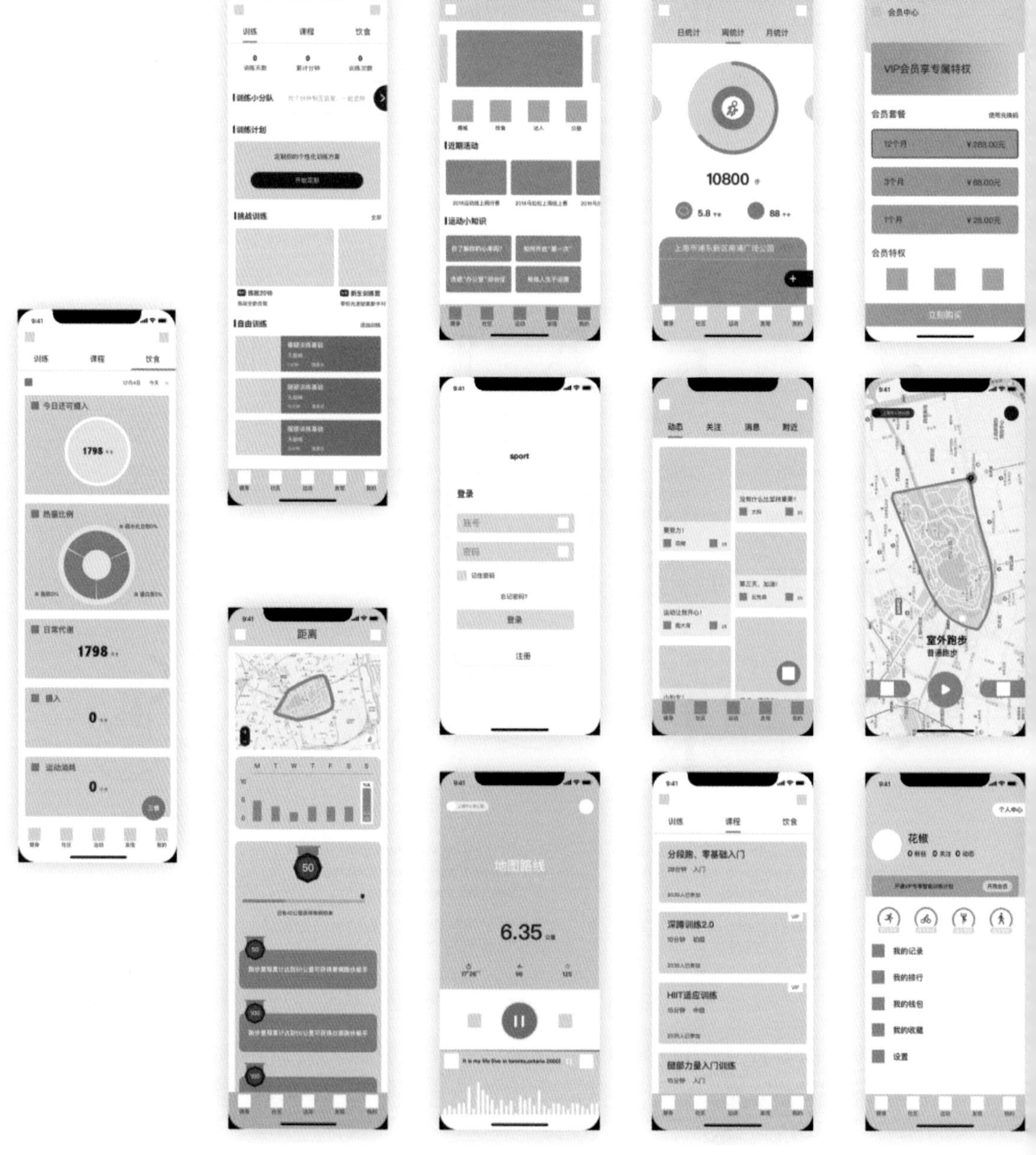

图 8-9　健身 App 线框

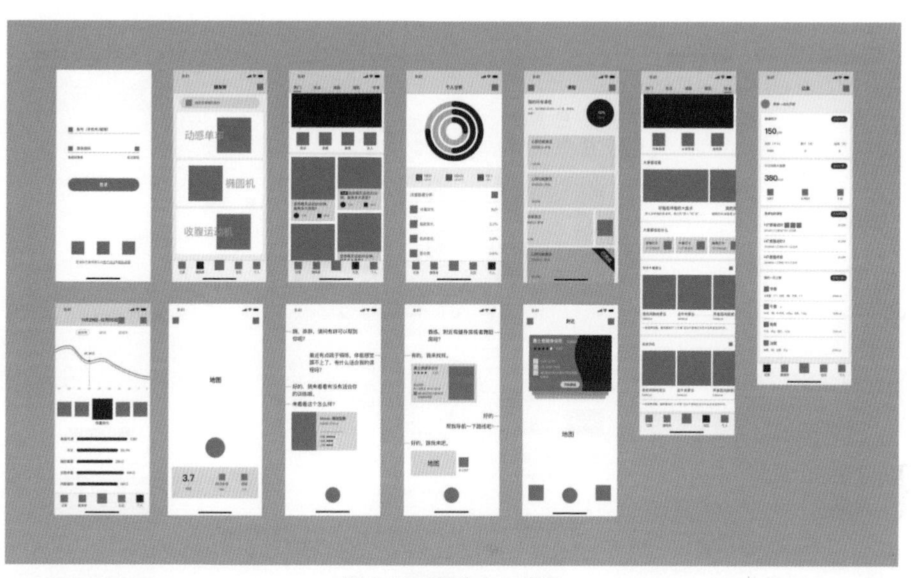

图 8-10　金融 App 线框

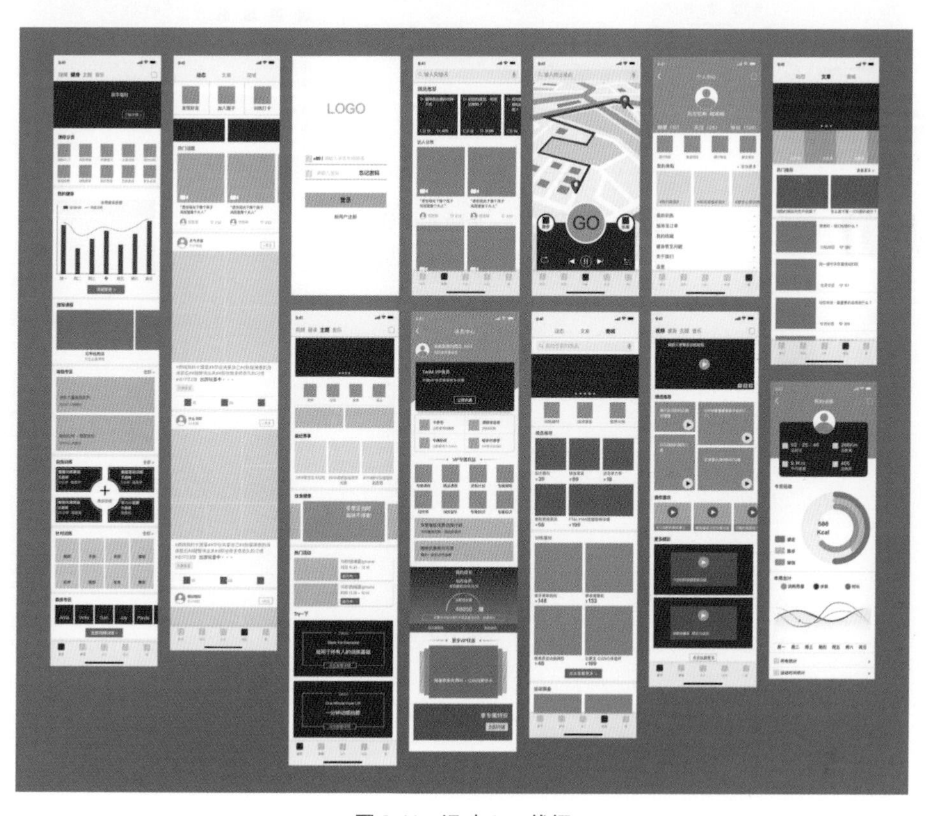

图 8-11　运动 App 线框

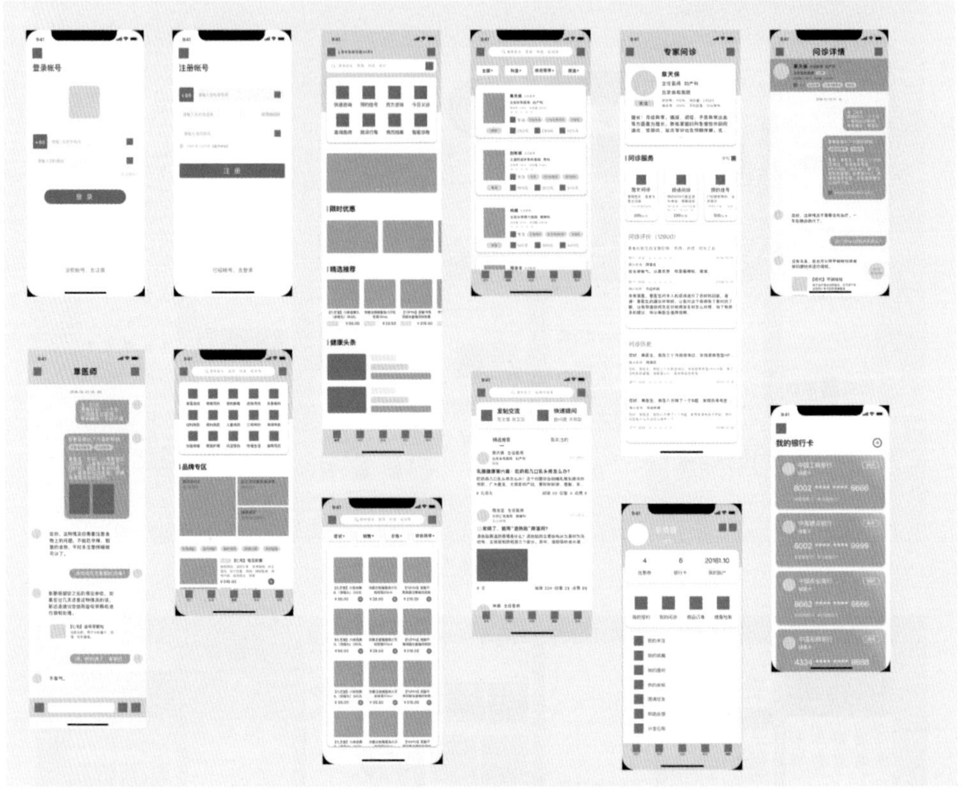

图 8-12　金融 App 线框

第 9 章

App UI 规范及切图适配

9.1 App UI 规范

App UI 规范，一般头部写明 App 名字，适配图片尺寸，一般以 1 倍 dp 或者 2 倍 px 来做规范，如图 9-1 所示。

图 9-1　App UI 规范案例

1. 标准色信息层级（图 9-2）

01 标准色

产品配色方案，决定了用户直观的视觉体验。

	颜色	色值	使用场景
主色		#4694ED–#2CD3DE	LOGO色、主体色、按钮等，重点强调突出 如顶部导航栏、按钮以及界面背景色等
辅助色		#39AFFF	用于应用中按钮、强调文字、ICON等 如购物篮、功能按键
		#FF3B3B	用于标注商品价格、文字 如商城页、商品展示页
文本色		#FFFFFF	用于一级文字信息、反白文字 如顶部导航栏的文字、登录页及各类标题
		#6E6E6E	用于选中文字信息 如搜索记录、历史记录等
		#8F8F8F	用于辅助说明文字信息 如医生介绍等
分割线		#3EB1FF	模块分割线
		#D8D8D8	模块分割线
		#FFFFFF	模块分割线

图 9-2　标准色信息层级

2. 标准字信息层级（图 9-3）

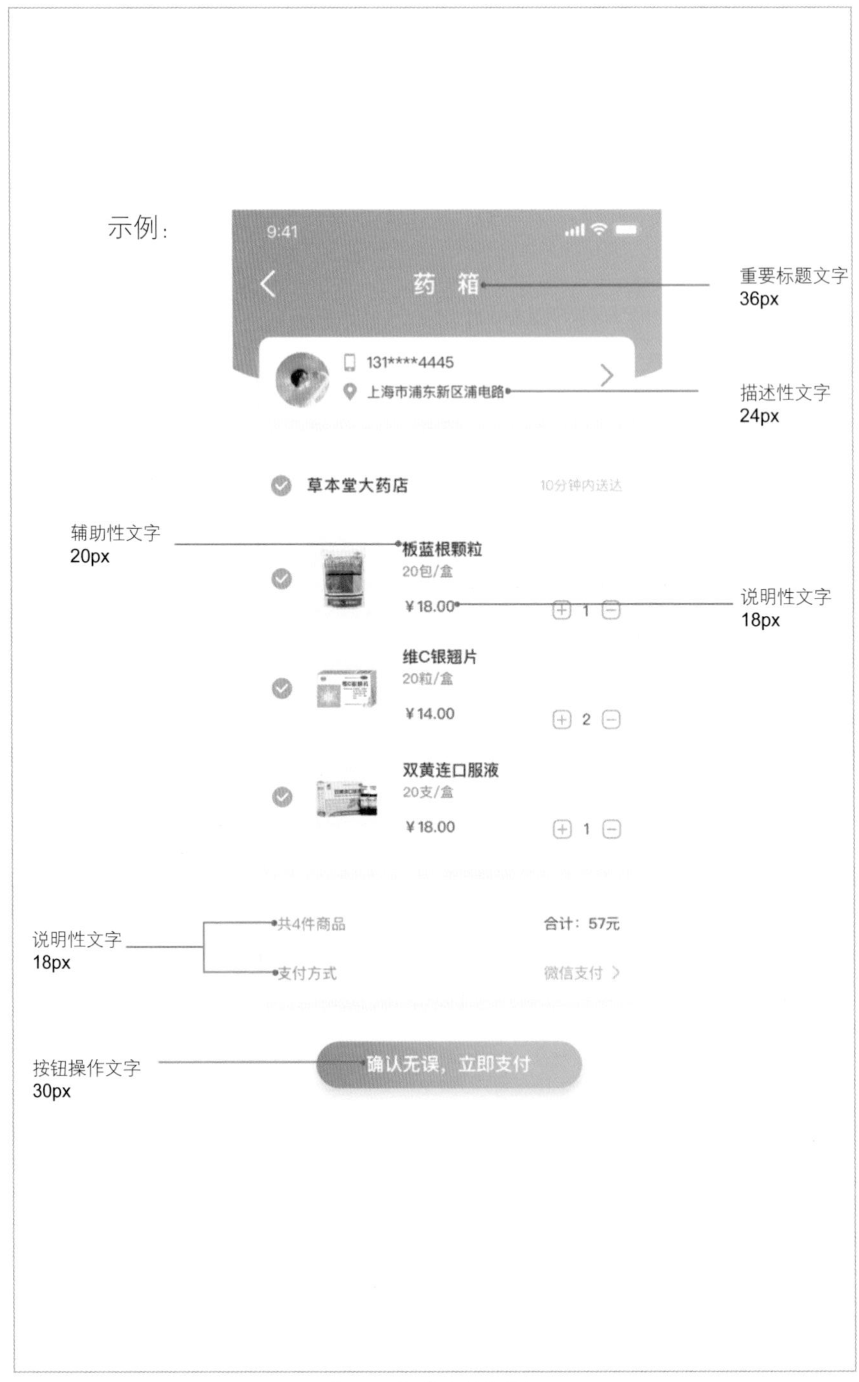

图 9-3 标准字信息层级

02 标准字

在此设计稿中，中文与英文的字体为：PingFang SC。

样式	字号	使用场景
标准字	36px	重要标题选中状态 如顶部导航标签
标准字	32px	次要标题选中状态 如子导航栏名称等
标准字	30px	操作按钮 如显示更多等
标准字	28px	一级标题 如商城药品大标题等
标准字	24px	用于大多数文字 如描述性文字、子导航栏等文字
标准字	20px	用于辅助性文字 如装饰描述性文字等
标准字	18px	用于说明性文字 如卡片里的描述文字及小标题

图 9-3　标准字信息层级（续）

3. 图标尺寸信息层级和功能图标分类（图 9-4）

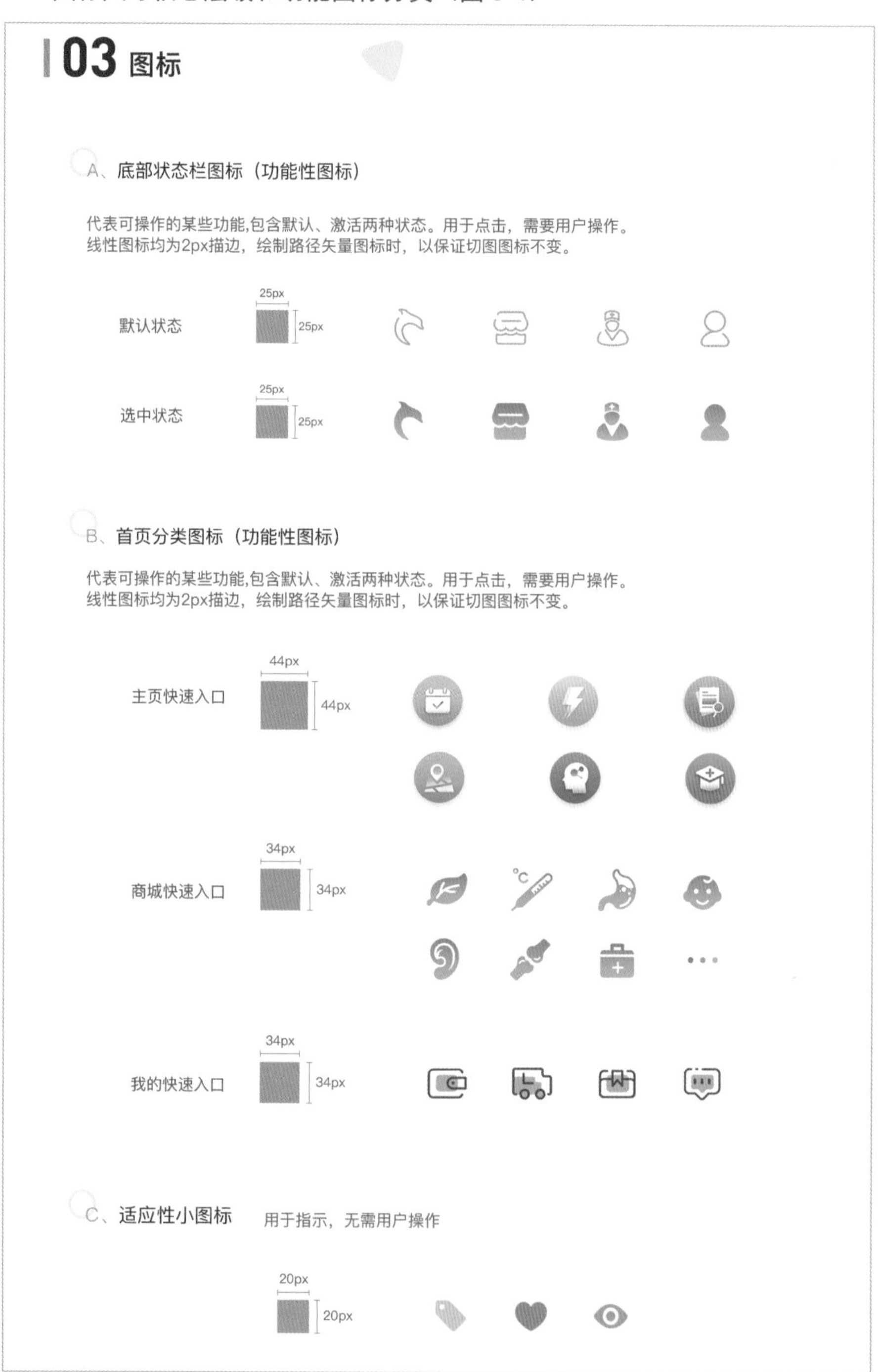

图 9-4　图标尺寸信息层级和功能图标分类

4. 控件尺寸和控件状态（图 9-5）

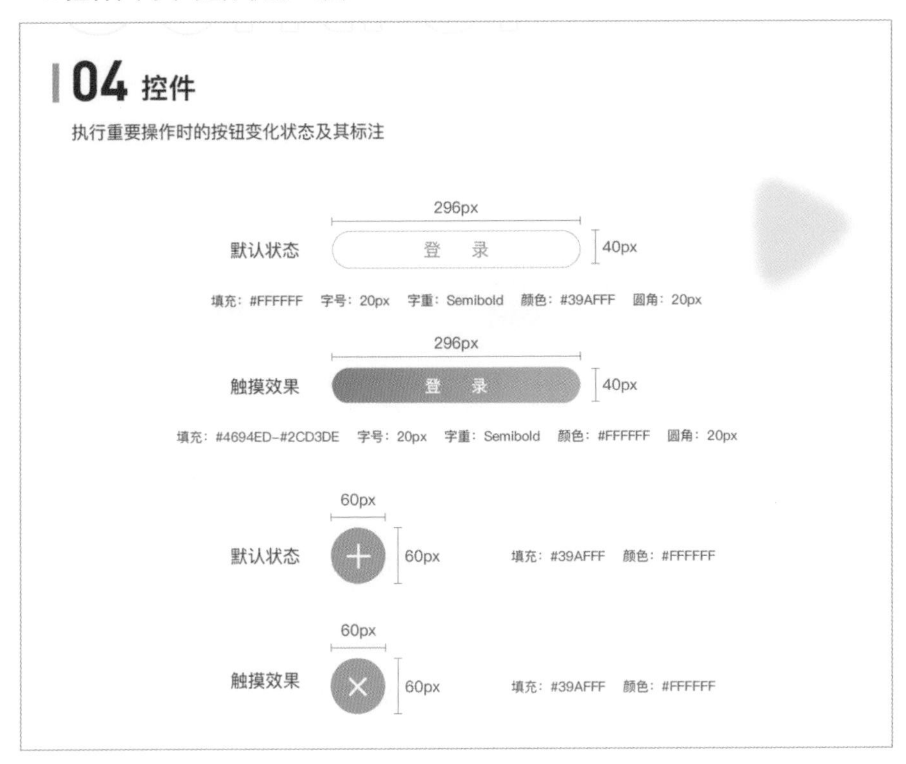

针对iOS版本

顶部状态栏高度：40px

导航栏高度：88px

导航栏下滑tab高度：80px

底部tab_bar高度：98px

内容块之间最小间距：16px

屏幕左右与内容间距：24px

常规内容块高度：88px

小标题栏高度：64px

图 9-5　控制尺寸和控件状态

5. 页面尺寸（图 9-6）

A、商城商品栏　设计尺寸：375×812dp

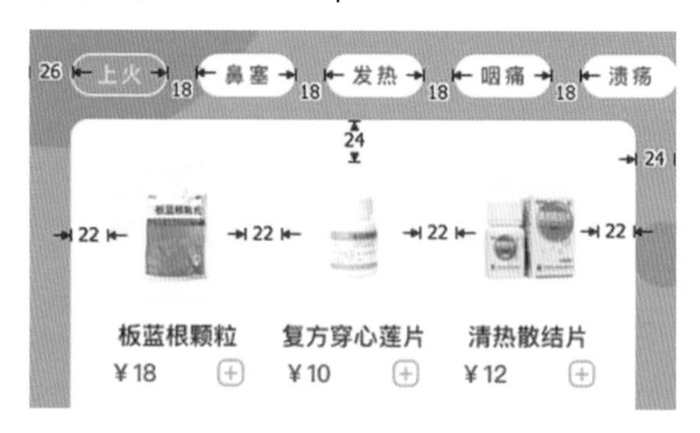

B、分类栏快速入口　设计尺寸：375×812dp

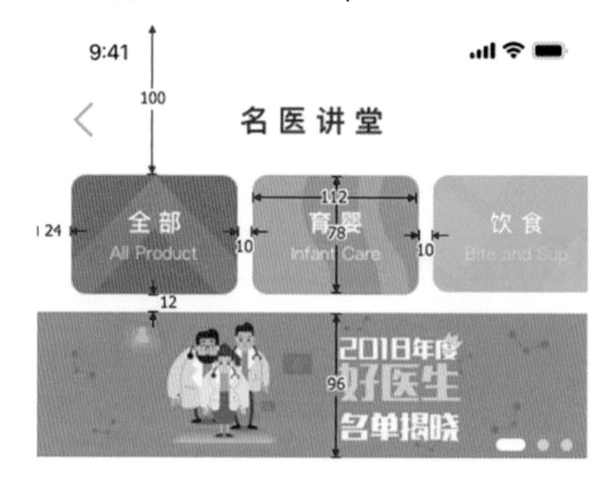

C、搜索栏　设计尺寸：375×812dp

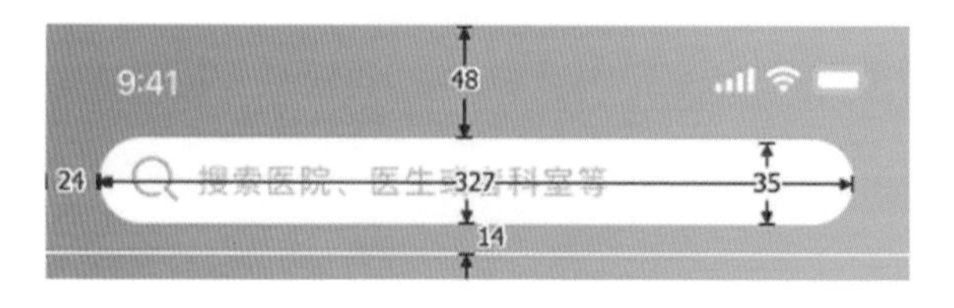

图 9-6　页面尺寸

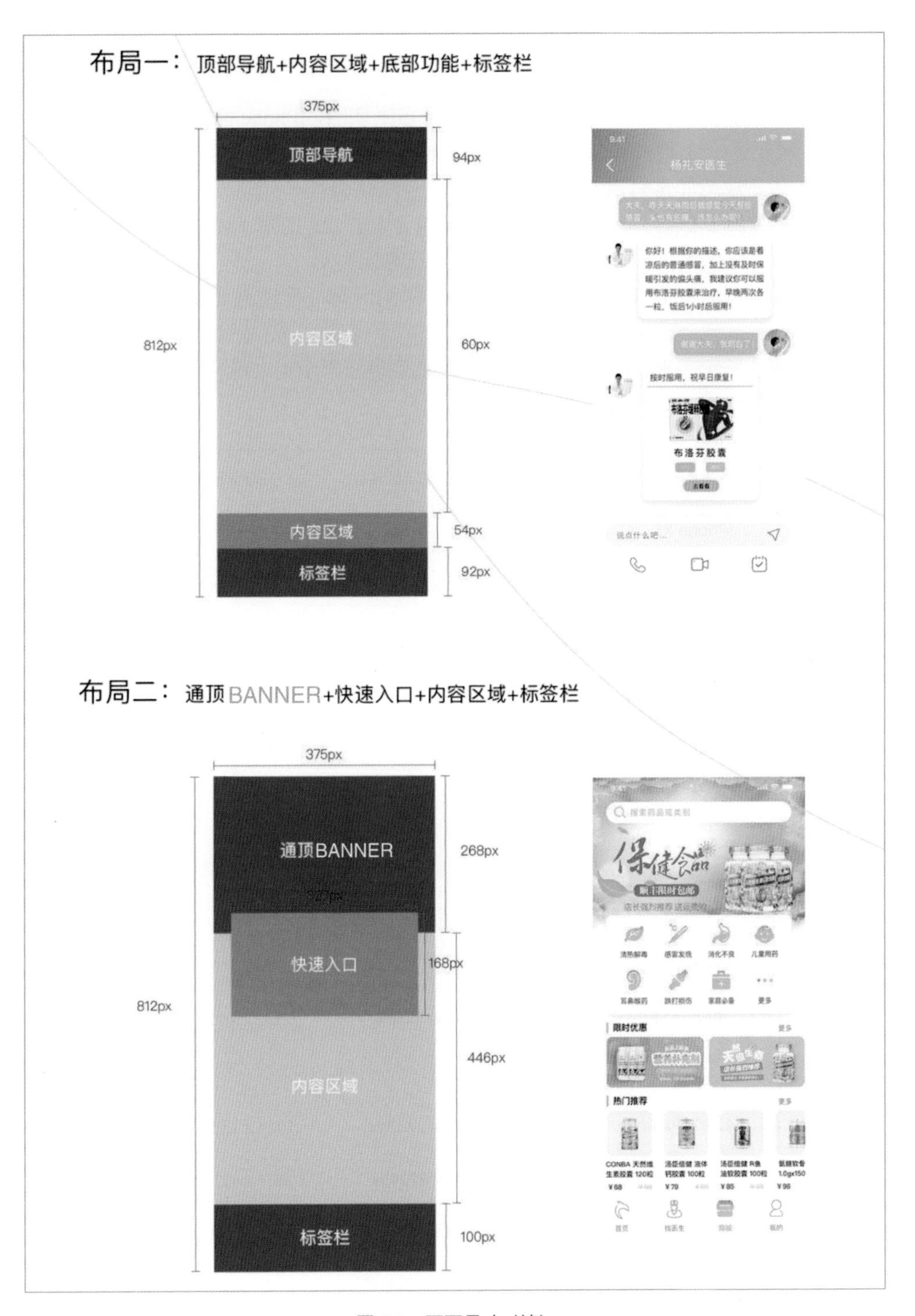
布局一：顶部导航+内容区域+底部功能+标签栏
375px
顶部导航
94px
812px
内容区域
60px
内容区域
54px
标签栏
92px
杨礼安医生
你好！根据你的描述，你应该是着凉后的普通感冒，加上没有及时保暖引发的偏头痛，我建议你可以服用布洛芬胶囊来治疗，早晚两次各一粒，饭后1小时后服用！
按时服用，祝早日康复！
布洛芬胶囊
说点什么吧...
布局二：通顶BANNER+快速入口+内容区域+标签栏
375px
通顶BANNER
268px
快速入口
168px
812px
内容区域
446px
标签栏
100px
保健食品
顺丰限时包邮
清热解毒
感冒发烧
消化不良
儿童用药
耳鼻喉药
跌打损伤
家庭必备
更多
限时优惠
热门推荐

图 9-6　页面尺寸（续）

◇◆ 9.2 苹果 iOS 系统 App 的切图适配

我们都知道，一套完整的 App 通常会有很多张切图，iPhone 需要 1x、2x、3x 图档，Android 需要至少 3 种—— hdpi、xhdpi、xxhdpi。所以，制定一套非常有效而方便的 App 切图命名规范非常有用。

iOS 需要给到的程序员的切片资源常见为 2 套： 2x 切图（以 750px 为宽度尺寸基准切图）、3x 切图（以 1242px 为宽度尺寸基准切图）

坐标标注图，一般 UI 的标注以 750px 2 倍图为坐标标注图（以 750px 为宽度尺寸基准标注）。

如图 9-7 所示为苹果 iOS 屏幕适配表。如图 9-8 所示为 iOS 平台常见的 UI 画布尺寸。

iPhone XS Max	@3X	1242 x 2688px	414x 896pt
iPhone XS	@3X	1125 x 2436px	375 x 812pt
iPhone XR	@2X	828 x 1792px	414 x 896pt
iPhone X	@3X	1125 x 2436px	375 x 812pt
iPhone 8 Plus	@3X	1242 x 2208px	414 x 736pt
iPhone 8	@2X	750 x 1334px	375 x 667pt
iPhone 7plus	@3X	1242 x 2208px	414 x 736pt
iPhone 7	@2X	750 x 1334px	375 x 667pt
iPhone 6s plus	@3X	1242 x 2208px	414 x 736pt
iPhone 6s	@2X	750 x 1334px	375 x 667pt
iPhone SE	@2X	640 x1136px	320 x 568pt
12.9" iPad pro	@2X	2048 x 2732px	1024 x 1366pt
10.5 "iPad pro	@2X	1668 x 2224px	834 x 1112pt
9.7" iPad	@2X	1536 x 2048px	768 x1024pt
7.9" iPad mini 4	@2X	1536 x 2048px	768 x 1024pt

图 9-7 苹果 iOS 屏幕适配表

iPhone 4/4s
尺寸：960× 640 px@2X

iPhone 5
尺寸：640×1136 px@2X

iPhone 6/7/8
尺寸：750×1334 px@2X

iPhone 6/7/8 plus
尺寸：1242×2280 px@2X

iPhone X
尺寸：1125×2436 px@2X

图 9-8　iOS 平台常见的 UI 画布尺寸

如图 9-9 所示为单位换算表。

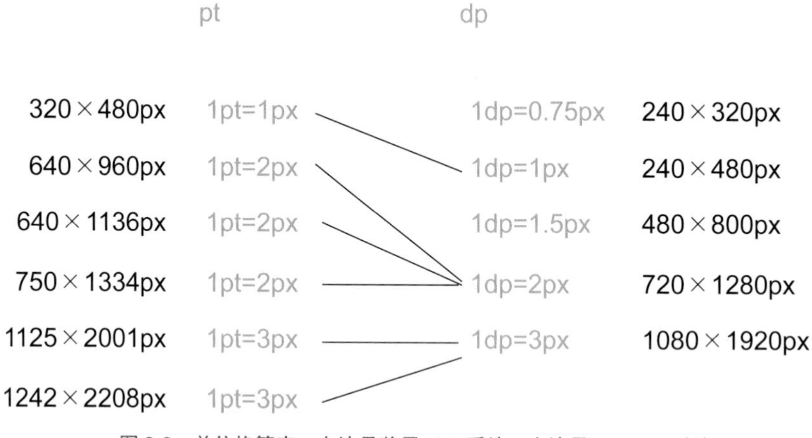

图 9-9　单位换算表，左边是苹果 iOS 系统，右边是 Android 系统

pt 和 dp 系统是程序员把资源进行换算后，他们只要用一套代码比例来管理 3 个尺寸的素材的一种换算方法。在 1 倍图的情况下，1dp=1pt=1px；在 2 倍图的情况下，1dp=1pt=2px；在 3 倍图的情况下，1dp=1pt=3px。这么换算像素和 dp 之间的比例，和程序员沟通尺寸和坐标的时候，需要说明这个切片是在几倍图下的。如图 9-10 所示为双平台多分辨率适配优先级方案。

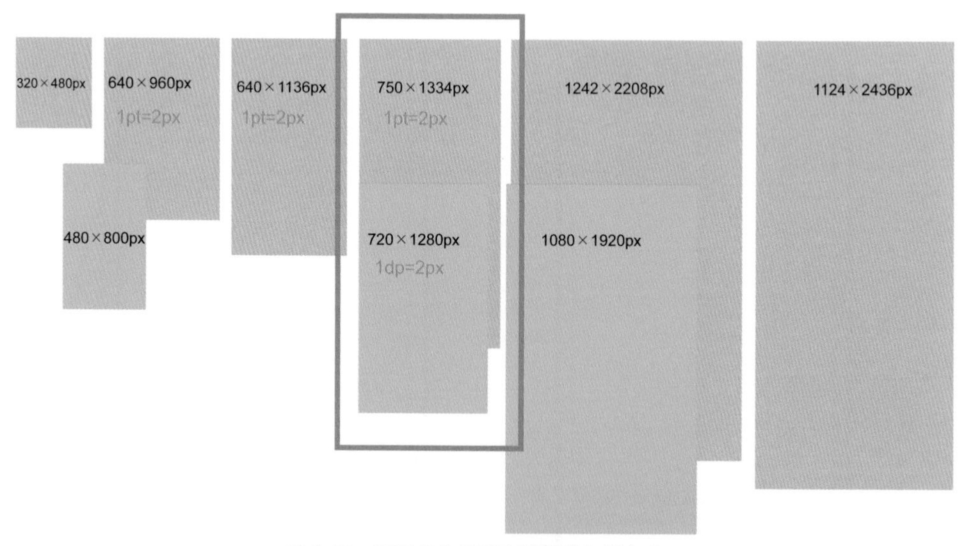

图 9-10　双平台多分辨率适配优先级方案

一套图适配 2 个平台多套分辨率。如果 iOS 和 Android 都要适配的话，一般先做 iOS 750×1334px 版，再使用切图工具 CUTTERMAN（这是免费软件，官网有下载和教程）切 2 倍和 3 倍图。再缩放源文件到 720×1280px，再切 3 套 Android，1.5 倍、

2 倍和 3 倍图。iPhone X 的尺寸因为用户少，有些公司不做这个分辨率。

如图 9-11 和图 9-12 所示分别为苹果 UI 界面、UI 图标尺寸规范。

iPhone尺寸规范（界面和图标）

图标分类	分辨率		尺寸	PPI	状态栏高度	导航栏高度	标签栏高度
iPhone X	1242 X 2208px	375 X 812pt	5.8in	458ppi	132px	132px	147px
iPhone 6+,6S+,7+,8+	750 X 1334px	414 X 736pt	5.5in	401ppi	60px	132px	146px
iPhone 6,6S,7,8	640 X 1136px	375 X 667pt	4.7in	326ppi	40px	88px	98px
iPhone 5,5S,5C,SE	640 X 1136px	320 X 568pt	4.0in	326ppi	40px	88px	98px
iPhone 4,4S	640 X 960px	320 X 480pt	3.5in	326ppi	40px	88px	98px
iPhone 2G,3G,3GS	320 X 480px	320 X 480pt	3.5in	163ppi	20px	44px	49px

图 9-11 苹果 UI 界面尺寸规范

iPhone图标尺寸规范

设备	App store	主屏幕图标	设置	Spotlight	通知	工具栏和导航栏
iPhone X (@3x)	1024 X 1024px	180 X 180px	87 X 87px	120 X 120px	60 X 60px	75 X 75px
iPhone 6+,6S+,7+,8+ (@3x)	1024 X 1024px	180 X 180px	87 X 87px	120 X 120px	60 X 60px	75 X 75px
iPhone 6,6S,7,8 (@2x)	1024 X 1024px	120 X 120px	58 X 58px	80 X 80px	40 X 40px	50 X 50px
iPhone 5,5S,5C,SE (@3x)	1024 X 1024px	120 X 120px	58 X 58px	80 X 80px	40 X 40px	50 X 50px
iPhone 4,4S (@2x)	1024 X 1024px	120 X 120px	58 X 58px	80 X 80px	40 X 40px	50 X 50px

图 9-12 苹果 UI 图标尺寸规范

切图注意事项：

在 750px 2 倍图的切片尽量为偶数，标注像素和间距尽量也为偶数，如果非要有奇数，请保证左边的像素为偶数，奇数放在右边。

图标和控件的切片的图片格式为 24 位带 8 位透明通道的 png，少数 BANNER 类和运营类图片可以为 png，动画尽可能用 png 序列帧，尽可能不要使用 GIF。

iOS 图片命名规范是，图片资源需要备有 1 倍图、2 倍图、3 倍图，3 倍图命名规则为添加后缀 @*N*x；2 倍图命名规则为添加后缀 @2x。例如，1 倍图：icon.png，2 倍图则为 icon@2x.png，3 倍图则为 icon@3x.png。

Android 目前常见的有 3 种不同的 dpi 模式：hdpi、xhdpi 和 xxhdpi，分别为 1.5

倍、2 倍和 3 倍。

如图 9-13 所示为 iOS 苹果图标规范示例。

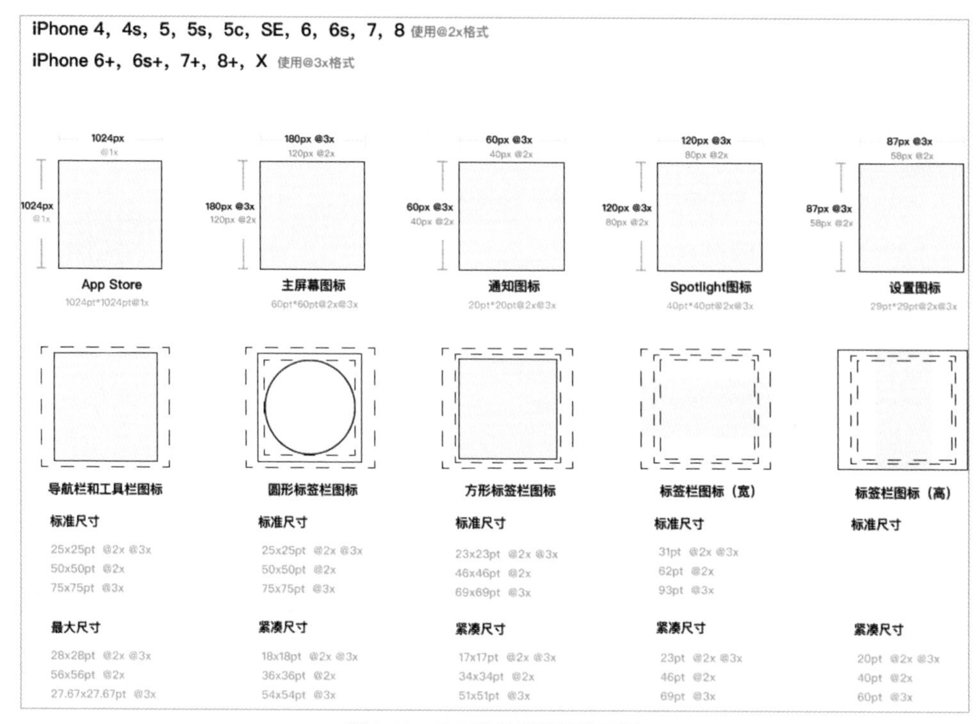

图 9-13　iOS 苹果图标规范示例

苹果启动图标设计 1024×1024px、png 格式，常见 2 倍是 120×120px，3 倍是 180×180px，透明的部分补白色。

苹果的字体一般是苹方，尺寸如图 9-14 所示。

- 字体font:中文-苹方;英文-SanFrancisco
- 样式 Style:不加粗，加粗。
- 大小 size.（具体视情况而定）

[36px] 顶部导航栏-栏目名称

[30px] 标题-加粗，按钮；

[28px] 主要文字；

[24px] 辅助文字；

[22px] 次要文字-底部菜单文字；

[18px] 提示文字。

图 9-14　iOS 苹果字体规范

切片的命名规则为：模块 _ 类别 _ 功能 _ 状态 .png，如 nav_button_search_normal.png。切片命名规范如图 9-15 所示。

头部：header	登录：login	背景：bg/background
导航栏：nav	注册：register	用户：user
菜单栏：tab	编辑：eidt	图片：img
内容：content	删除：delete	广告：banner
左/中/右：left/center/right	返回：back	图标：icon
标题：title	下载：download	注释：note
底部：footer	弹出：pop	搜索：search
模块：mod	提示信息：msg	按钮：button

图 9-15 切片命名规范

9.3 Android 屏幕适配

1）采用 720×1280px 的分辨率来进行设计。（设计时，采用偶数值进行设计，方便 dp 和 px 的转换。）

2）对于 Android，目前基本以 720px 2 倍图为基础坐标标注图，也有一些公司开始直接做 1080px 3 倍资源了。

3）首先在 720×1280px 下进行切图，可以完全适配 720×1280px 的机型。

4）分别适配 1.5 倍 480×800px、2 倍 1080×1920px 和 3 倍 1080×1092px 的图包。

如图 9-16 所示为 Android 屏幕适配尺寸。

名称	分辨率	比率rate(针对320px)	比率rate(针对640px)	比率rate(针对750px)
idpi	240X320	0.75	0.375	0.32
mdpi	240X480	1	0.5	0.4267
hdpi	480X800	1.5	0.75	0.64
xhdpi	720X1280	2.25	1.125	1.042
xxhdpi	1080X1920	3.375	1.6875	1.5

图 9-16 Android 屏幕适配尺寸

第10章

七种常见 App 实例讲解

1）运动健身类 App，一般用酷炫的配色，图标比较时尚，以动效为主。UEGOOD 学员作品节选如图 10-1 所示。

（a）

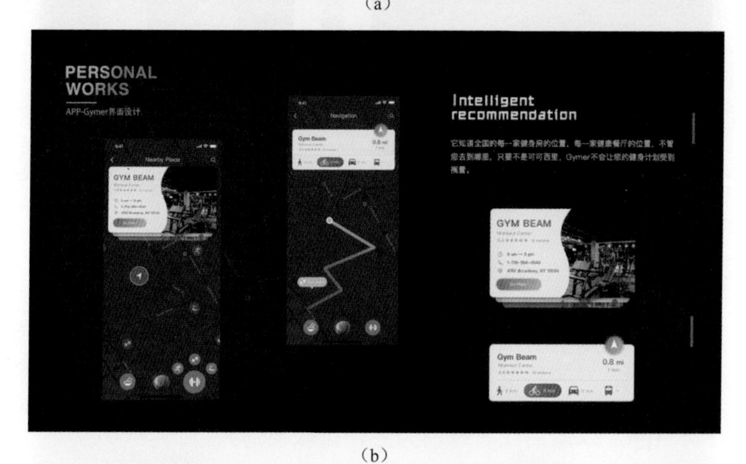

（b）

（c）

图 10-1　运动健身类 App

（d）

（e）

图 10-1　运动健身类 App（续）

2）医疗类 App，以蓝白或者绿白为主，排版要清爽。

UEGOOD 学员作品节选如图 10-2 所示。

（a）

图 10-2　医疗类 App

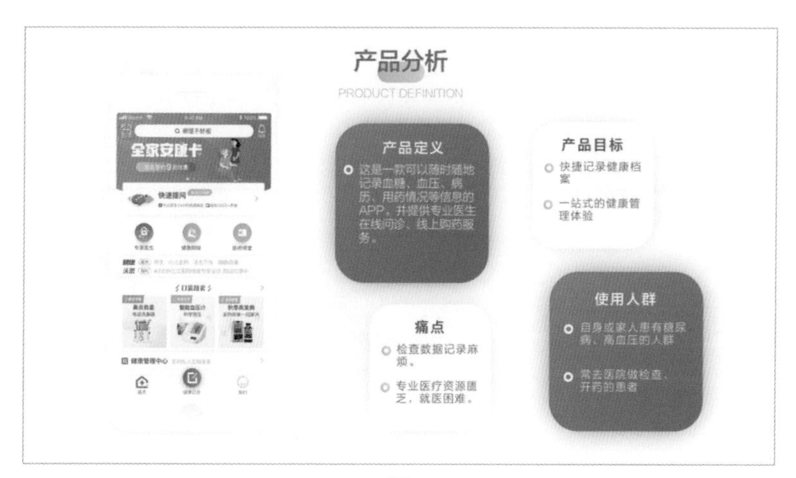

（b）

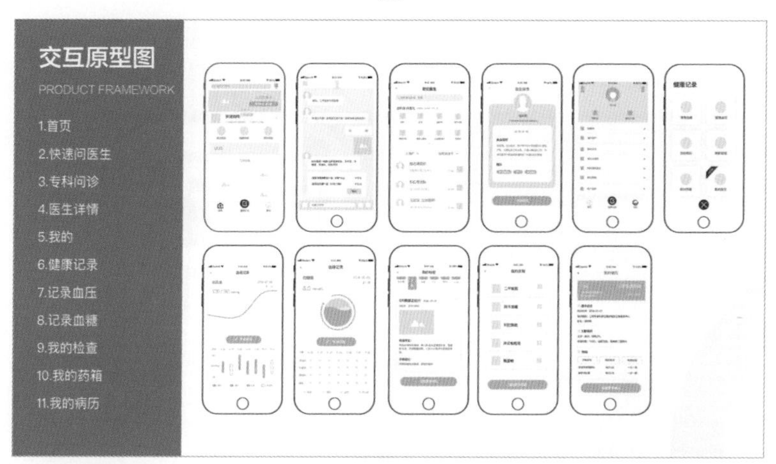

（c）

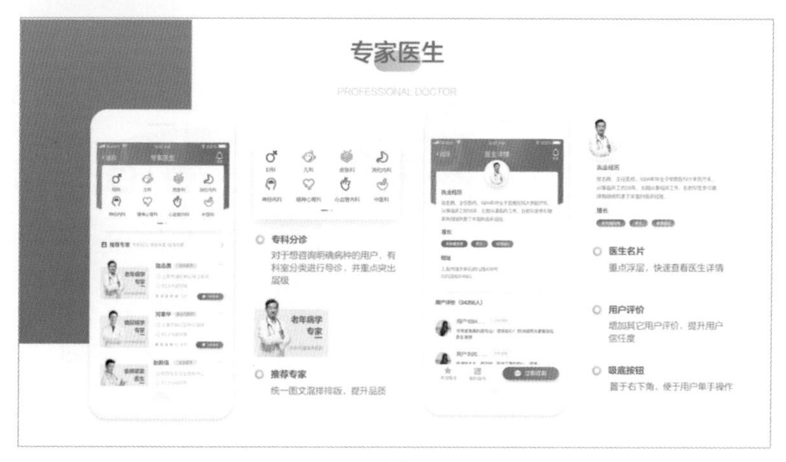

（d）

图 10-2　医疗类 App（续）

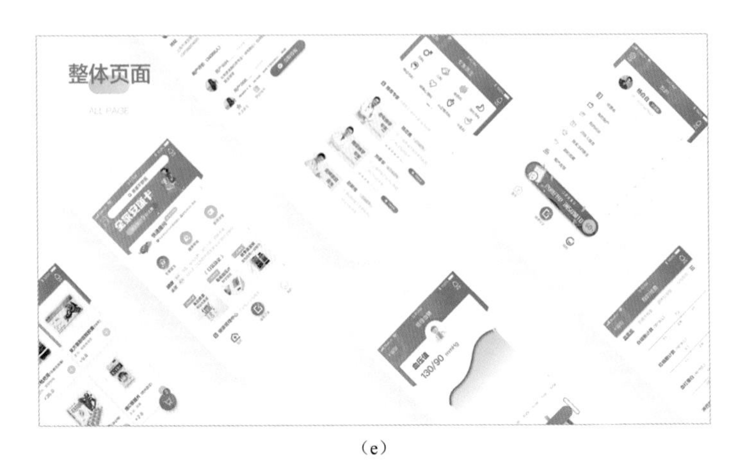

（e）

图 10-2　医疗类 App（续）

3）金融类 App，一般以红色、橙色、蓝色、紫色和土豪金为主。UEGOOD 学员作品节选如图 10-3 所示。

（a）

（b）

图 10-3　金融类 App

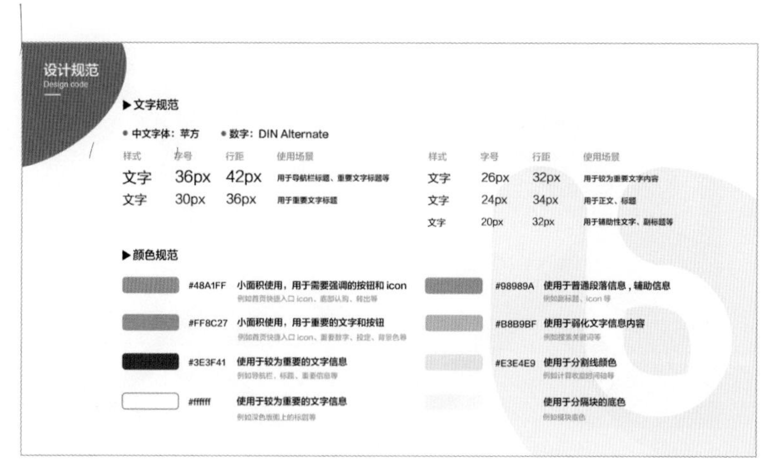

（c）

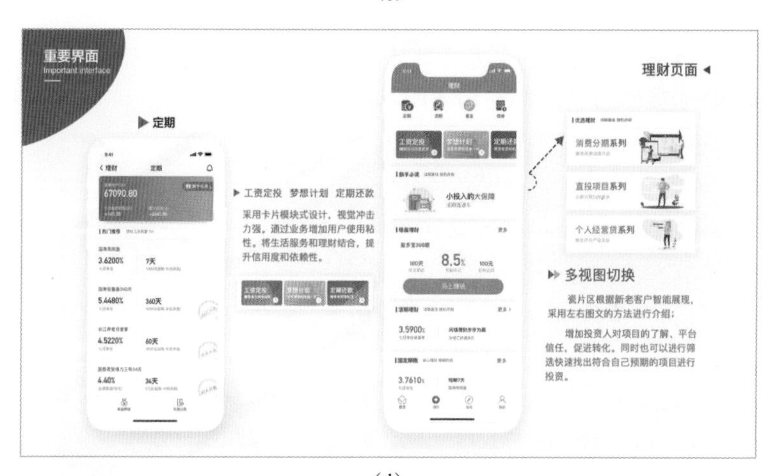

（d）

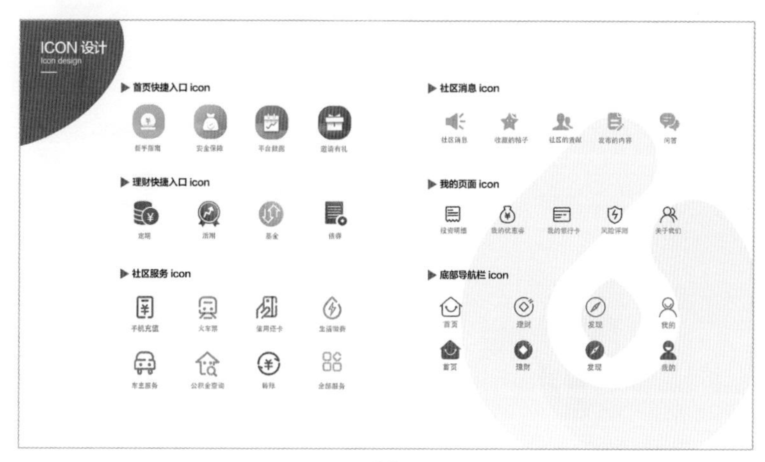

（e）

图 10-3　金融类 App（续）

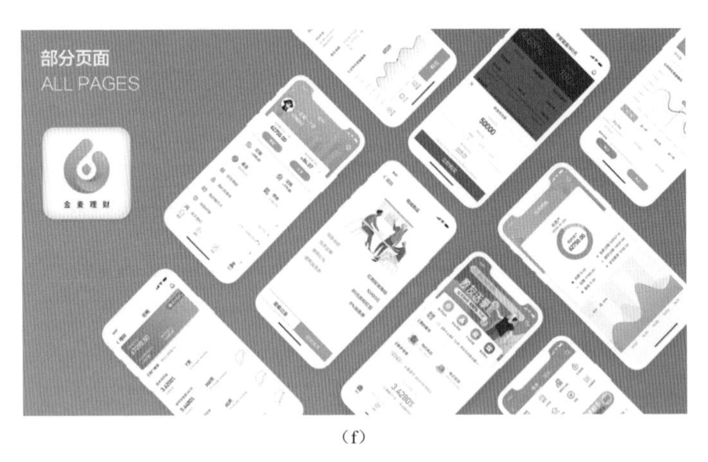

（f）

图 10-3　金融类 App（续）

4）音乐类 App，一般以马卡龙或者其他炫酷的配色来做。UEGOOD 学员作品节选如图 10-4 所示。

（a）

原型交互 / PROTOTYPE
Log in
Sign up
Pick music type
Music
Personal Center
Mine
Music Content
Find
Album
New music
Now Playing
Jackie and Wilson
Identify
Discover
Dance
JAZZ
Rock
Discover Pick Music Type

（b）

图 10-4　音乐类 App

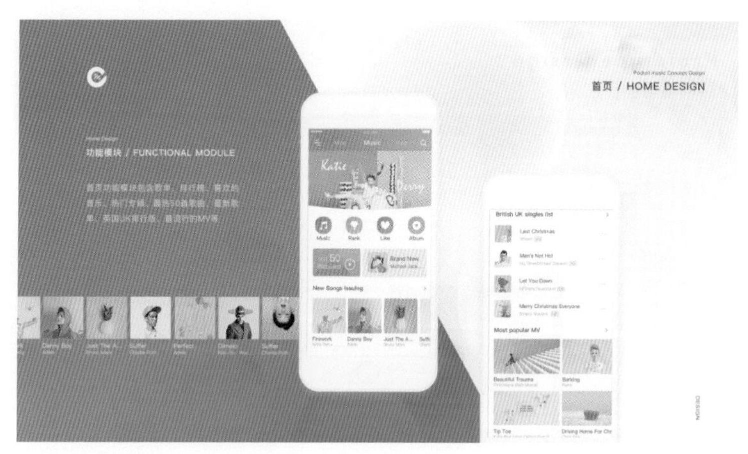

(c)

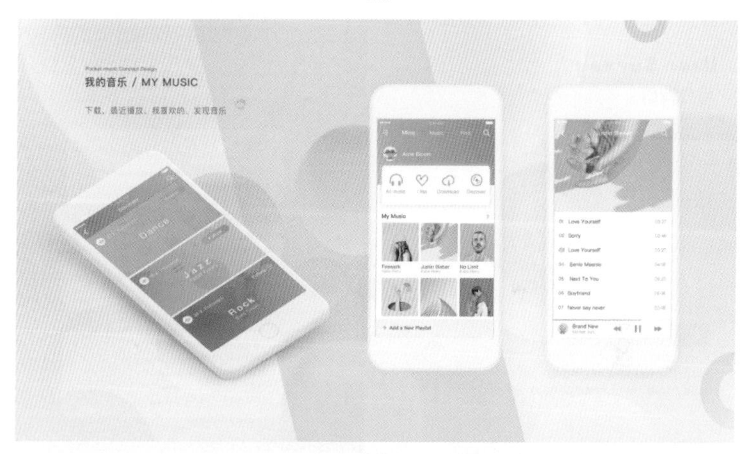

(d)

(e)

图 10-4　音乐类 App（续）

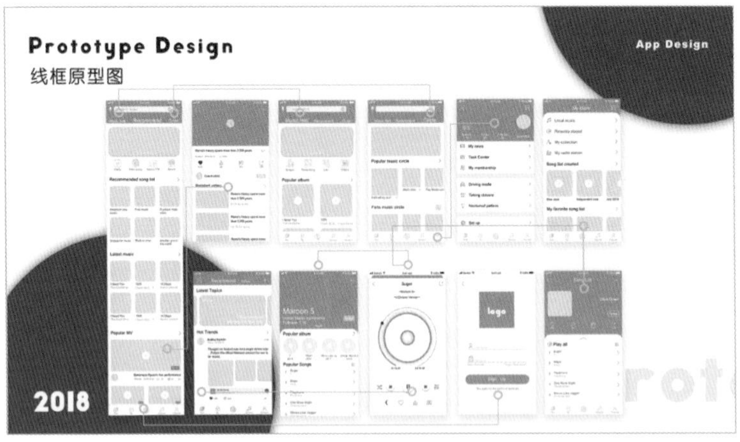

(f)

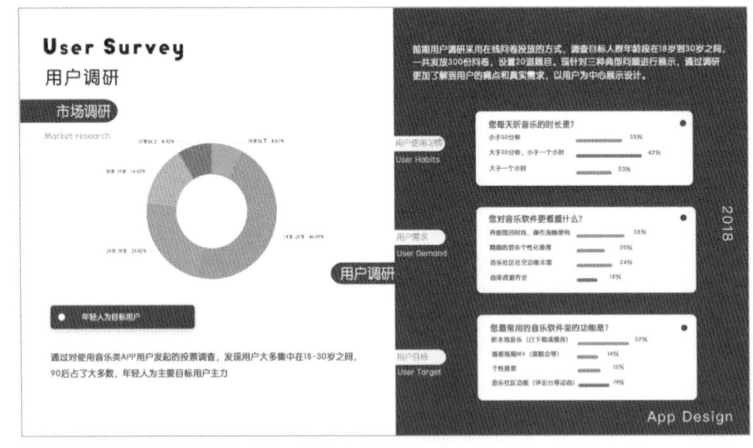

(g)

(h)

图 10-4　音乐类 App（续）

（i）

图 10-4　音乐类 App（续）

5）美食类 App，一般以嫩黄色、嫩绿色、烘焙色或者粉红色为主。UEGOOD 学员作品节选如图 10-5 所示。

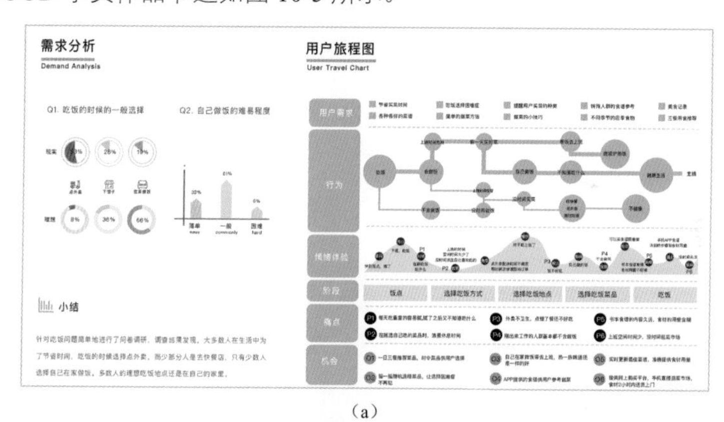

（a）

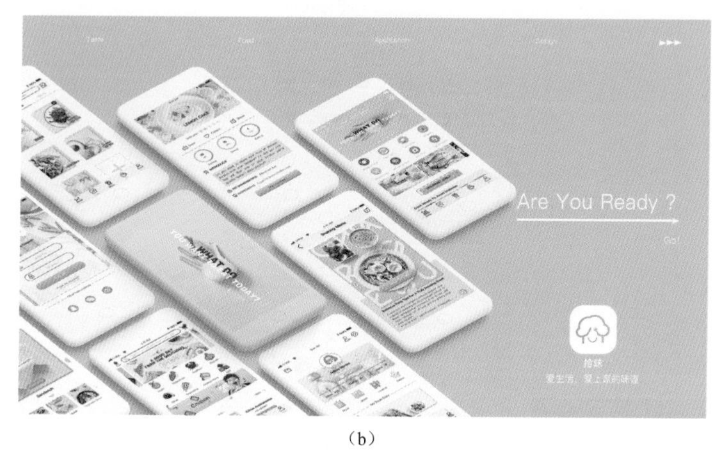

（b）

图 10-5　美食类 App

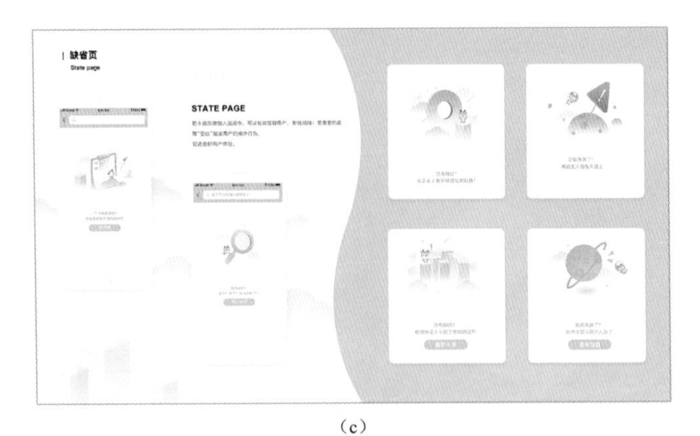

（c）

（d）

图 10-5　美食类 App（续）

6）购物类 App，以红色、橙色或者黑白为主。

UEGOOD 学员作品节选如图 10-6 所示。

（a）

（b）

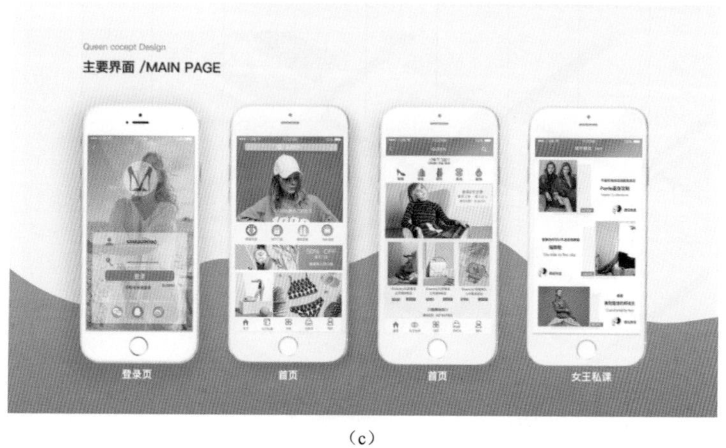

（c）

图 10-6　购物类 App

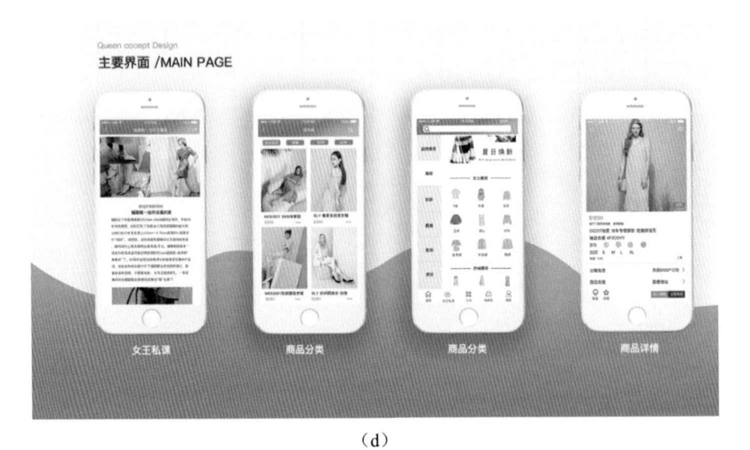

（d）

Design background
原型交互/PROTOTYPE
1.依据信息结构、功能规格优先级定义页面信息布局方式、图标大小
2.依据交互流程定义页面导航设计和页面跳转方式
❶登录
❷首页
❸首页
❹女王课堂
❺女王课堂
❻列表
❼商品详情
❽购物车
❾私人定做
❿个人中心

（e）

图 10-6　购物类 App（续）

7）旅游类 App，以绿色、蓝色为主。

UEGOOD 学员作品节选如图 10-7 所示。

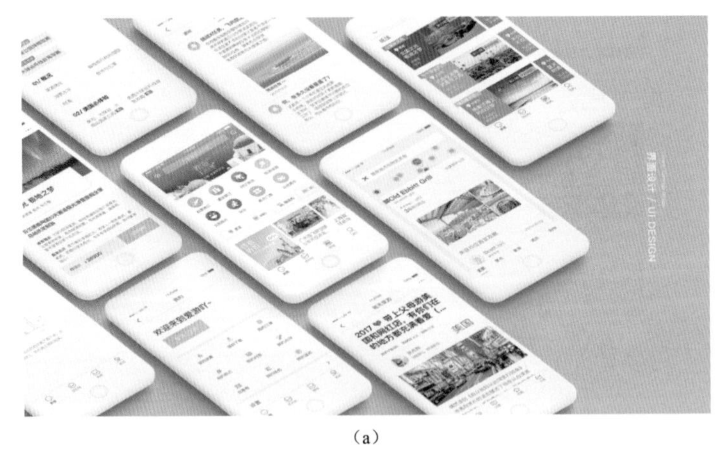

（a）

图 10-7　旅游类 App

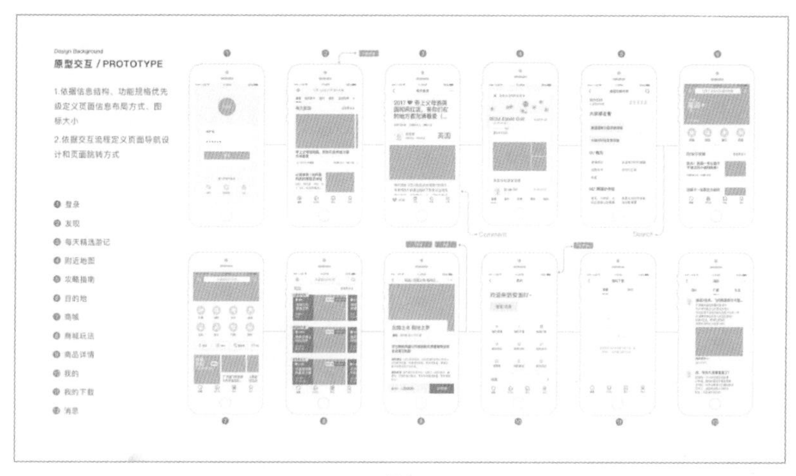

（b）

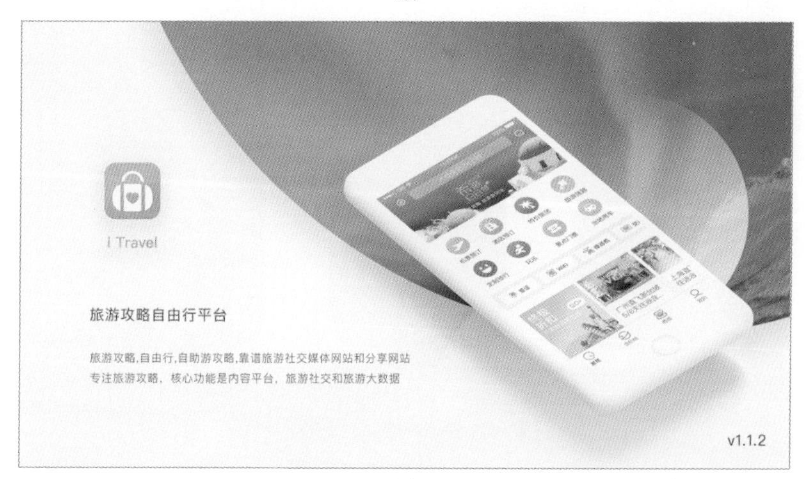

（c）

（d）

图 10-7　旅游类 App（续）

第11章

网站 UI 设计及通用模块版式

11.1　常见网站种类

1. 大型门户网站

国内知名的新浪、搜狐、网易、腾讯等都属于大型门户网站。大型门户网站类型的特点：网站信息量非常大——海量信息，同时网站以咨询、新闻等内容为主。网站内容比较全面，包括很多分支模块和信息，比如房产、经济、科技、旅游等。大型门户网站通常访问量非常大，每天有数千万甚至上亿的访问量，是互联网最重要的组成部分。

2. 企业官网

企业官网是一家企业在网上的虚拟门面，体现企业本身的优势和个性，用企业 VI 色、LOGO 及整体设计，来提升企业对外的品牌建设。一个优秀的企业网站是企业的一张名片，好的企业网站可以提高企业的知名度，有利于业务的直接转化，提高业务转化率。网站关键词排名，尤其是关键业务排名，加上优秀的营销型落地页，可以为企业直接带来订单。企业几乎可以把任何想让客户及公众知道的内容放入网站，如产品服务、企业历史、企业文化、联系方式、团队介绍、企业优势和新闻动态等。这需要设计者具有良好的设计基础和审美能力，能够努力挖掘企业深层的内涵，展示企业文化。这种类型的首页在设计过程中一定要明确，以设计为主导，通过色彩、布局给访问者留下深刻的印象。

3. 电子商务网站

电子商务网站是基于浏览器 / 服务器应用方式，买卖双方不谋面地进行各种商贸活动，实现消费者的网上购物、商户之间的网上交易和在线电子支付，以及各种商务活动、交易活动、金融活动和相关的综合服务活动的一种新型的商业运营模式。企业建立电子商务网站，可以实现广告宣传、业务咨询、网上订购、网上支付、建立电子账户、售后服务、意见征询和交易管理等。交易类网站按业务主要包括 B2B、B2C、C2C 等类型。

4. 运营活动页

即按照不同的活动推广目的，设计对应主题和活动的页面，并满足重要性、可行性、时效性等因素。

比如旅游网站的时效性旅游线路，电商站的“双 11”“6・18”等活动，或者邀请新人，发放优惠券，团购优惠等页面，内容包括活动时间、地点、参加的人员、主办单位、承办单位、活动规则、兑奖方式、推广产品、优惠方式、合作伙伴和媒体宣传等。其目的包括不限于促销、拉新、召回、留存和转化。

5. PC 软件或 Web 后台控制页

后台界面设计，一般是对软件的数据进行管理和运营的后台页面，如电商数据后台、OA 系统、客户管理系统、物流系统、广告投放系统、网站及 App 运营内容管理系统等。按照企业的业务，有各种各样目的的后台，目的是数据的展示统计，增删查改，对数据可视化要求高，公共控件多，按钮状态及图标要寓意明确，偏功能性。

11.2　网页通用模块版式

网页通用模块版式如图 11-1 ～图 11-6 所示。

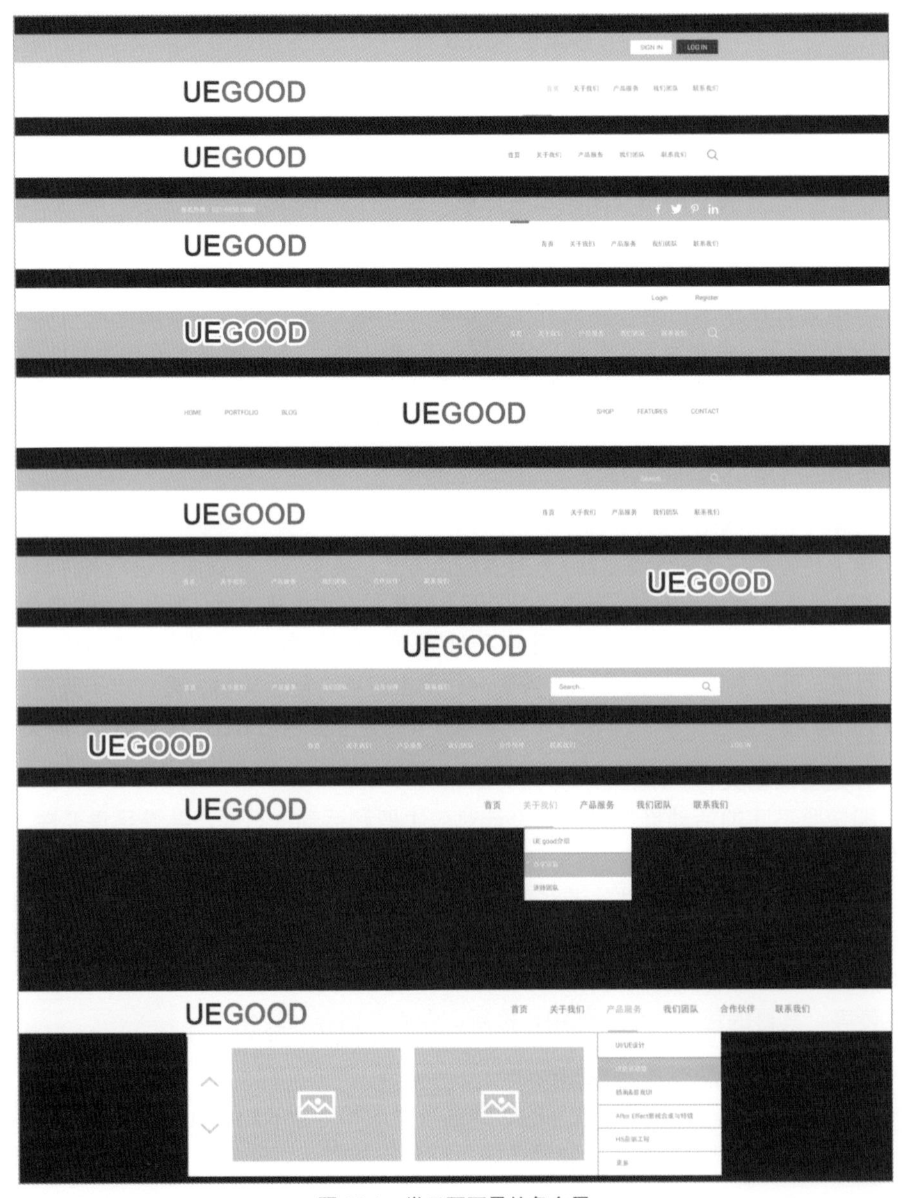

图 11-1　常见网页导航条布局

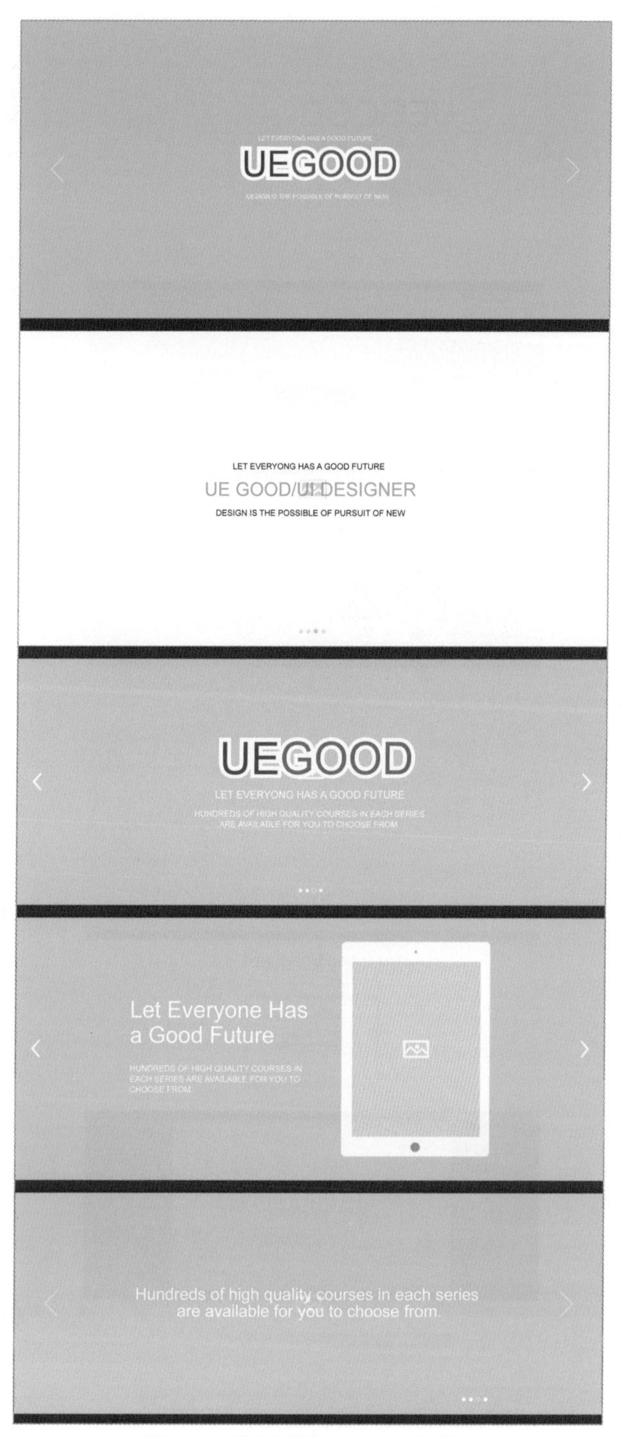

图 11-2　常见网页 BANNER 布局 1

图 11-3　常见网页 BANNER 布局 2

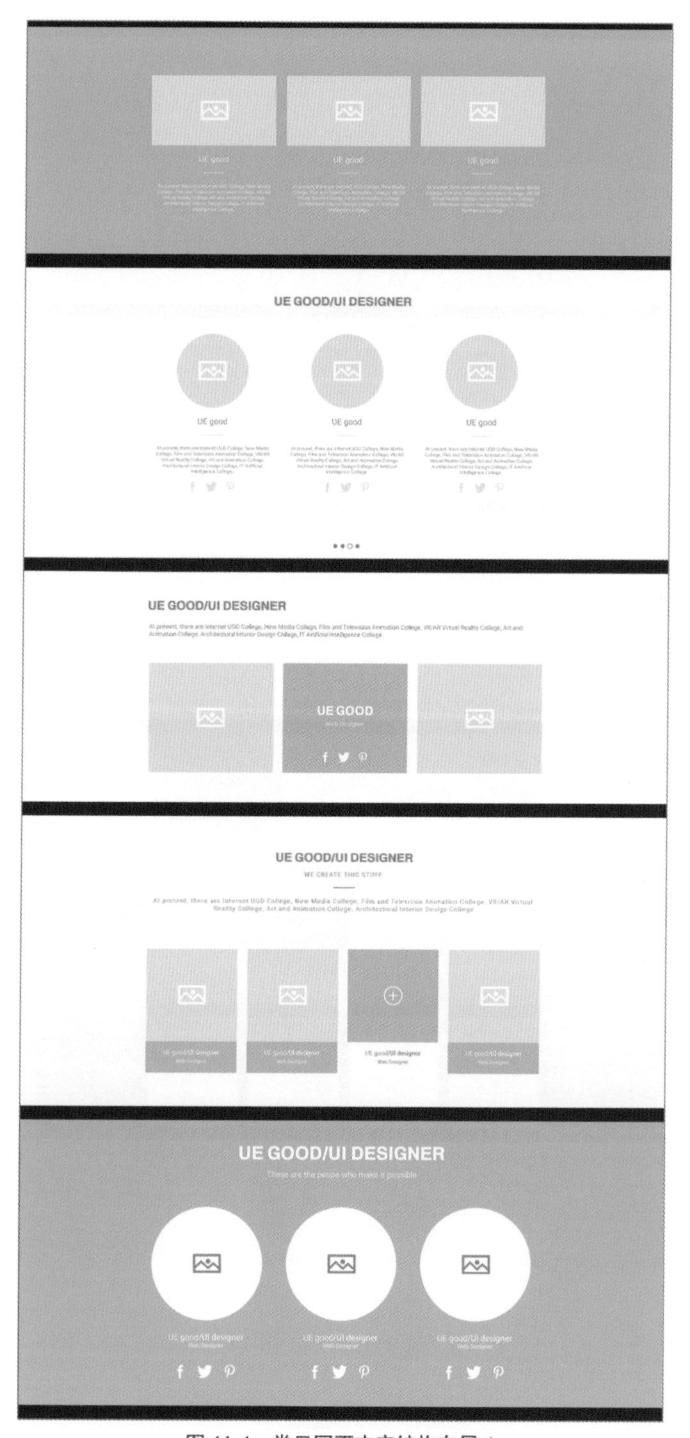

图 11-4　常见网页内容结构布局 1

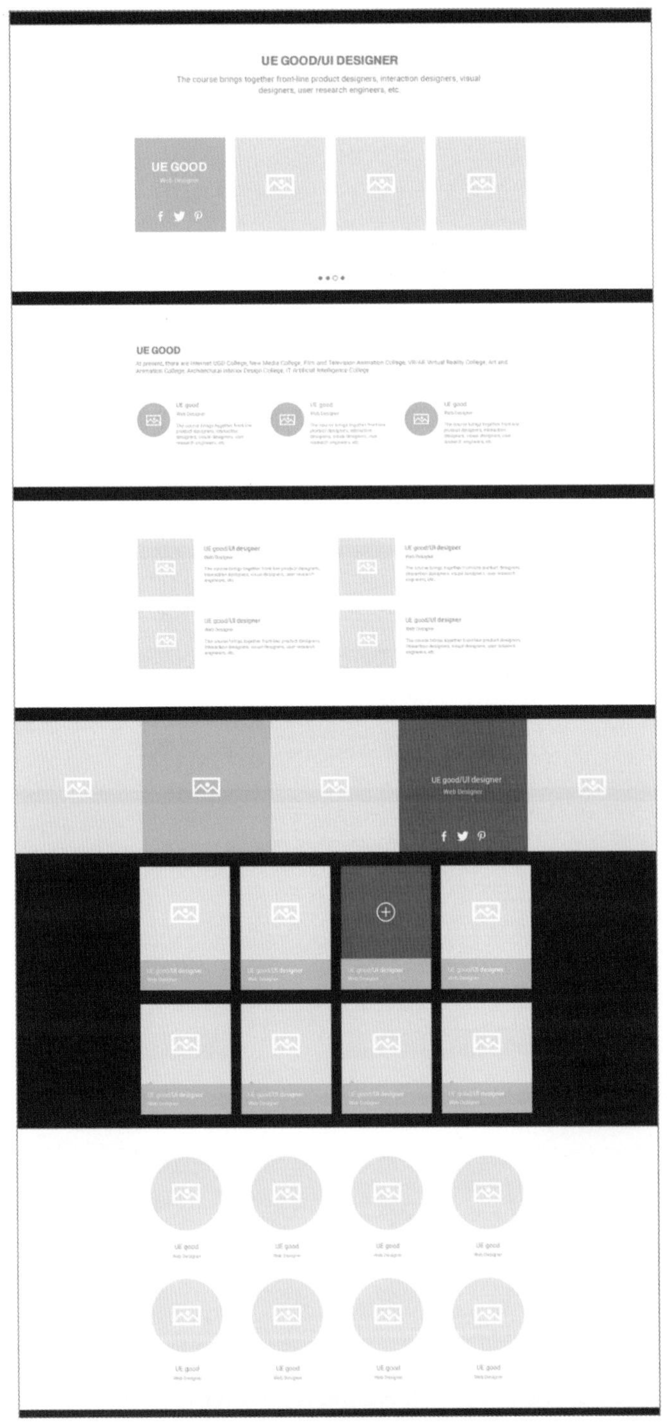

图 11-5　常见网页内容结构布局 2

图 11-6　常见网页页脚布局

第12章 网站常见风格与UI规范

◇◆ 12.1　八种常见的网页设计风格

1）蓝白科技设计风格——多用于官网及科技类企业站（图 12-1）。

（a）

（b）

图 12-1　蓝白科技设计风格

2）女性柔美设计风格——多用于女性类服饰化妆品等网页（图 12-2）。

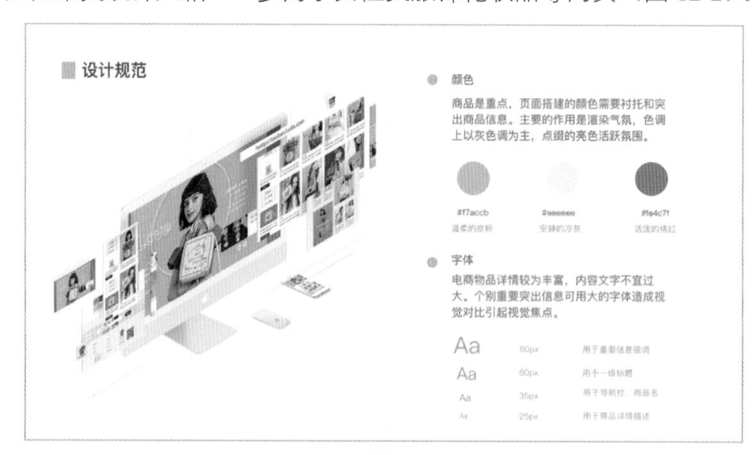

（a）

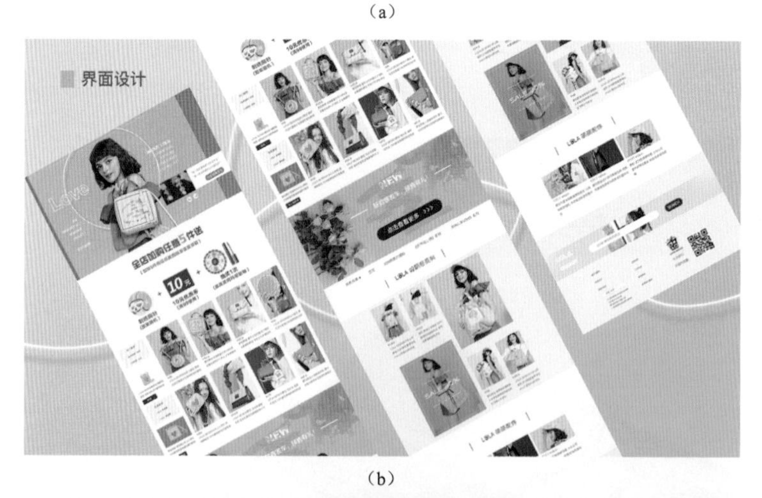

（b）

（c）

图 12-2 女性柔美设计风格

（d）

图 12-2　女性柔美设计风格（续）

3）土豪黑金设计风格——多用于高端奢侈品及盛典聚会类网页（图 12-3）。

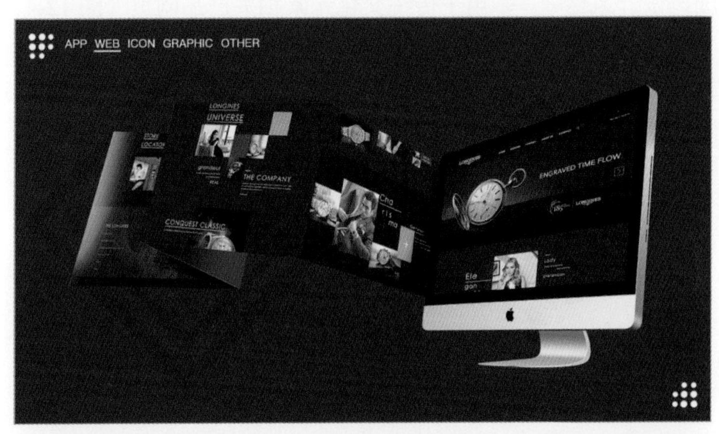

（a）

（b）

图 12-3　土豪黑金设计风格

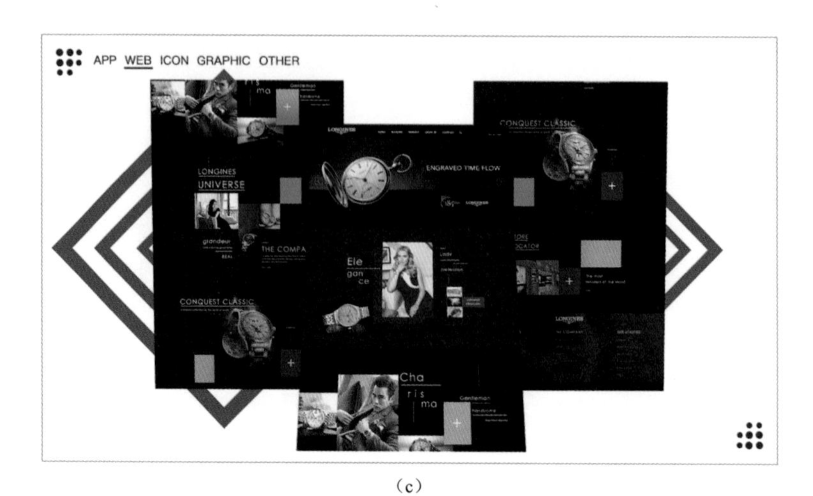

（c）

图 12-3 土豪黑金设计风格（续）

4）中国风设计风格——多用于传统文化元素相关产品网页（图 12-4）。

图 12-4 中国风设计风格

5）欧美大色块风格——多用于时尚概念产品相关产品网页（图 12-5）。

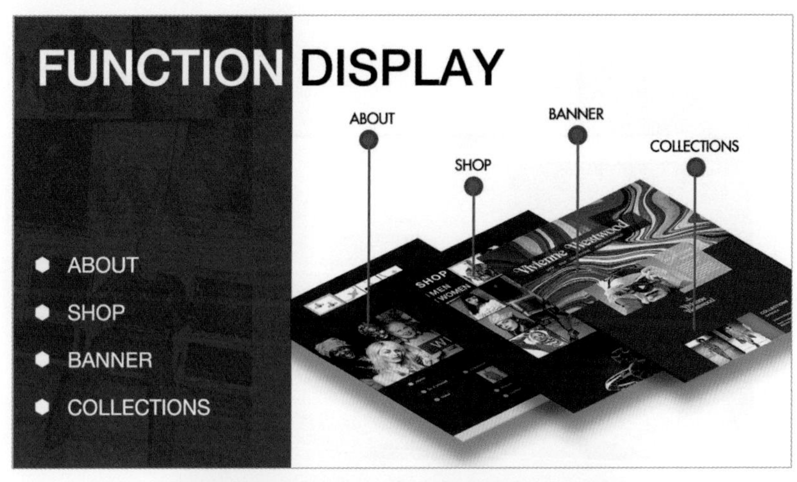

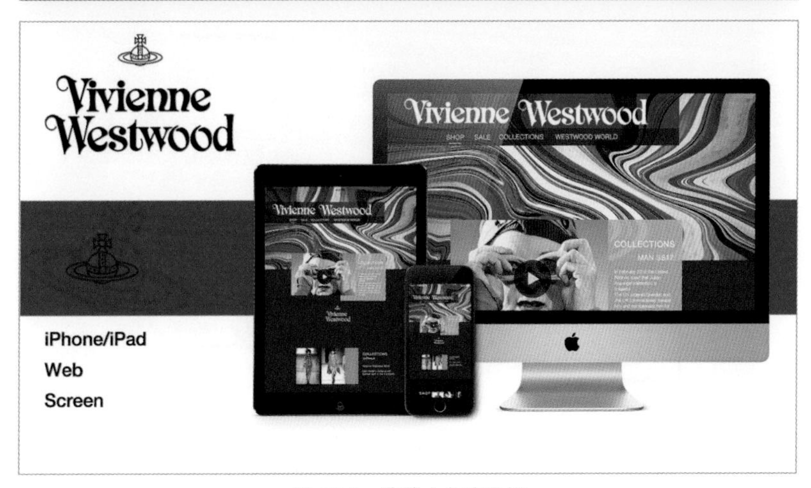

图 12-5　欧美大色块风格

6）日韩小清新风格——马卡龙色系或者绿植系网站适合轻松愉快的产品或者无印良品风格（图 12-6）。

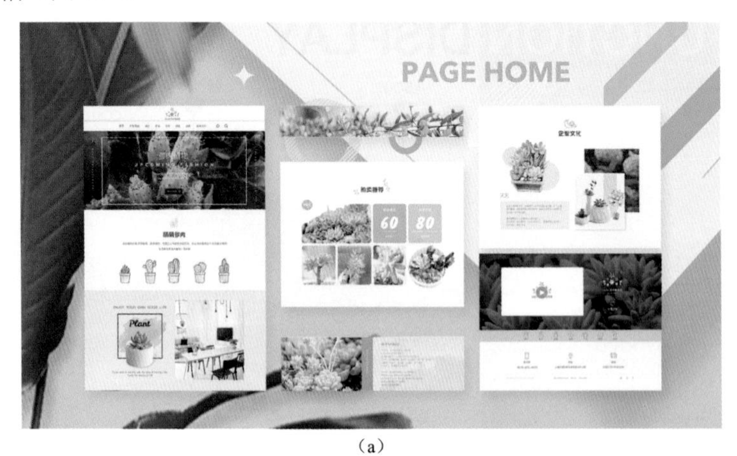

（a）

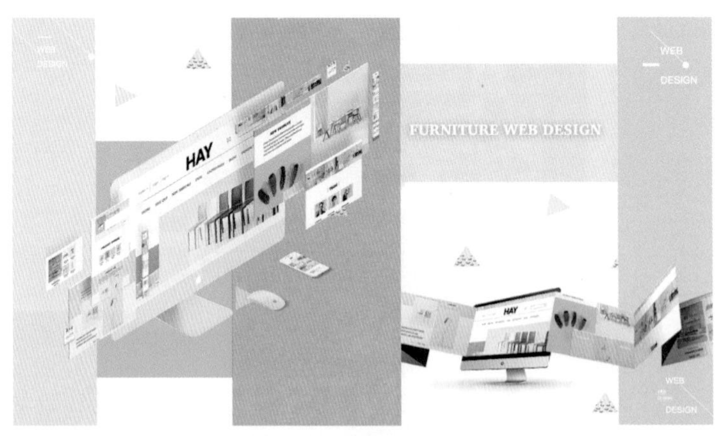

（b）

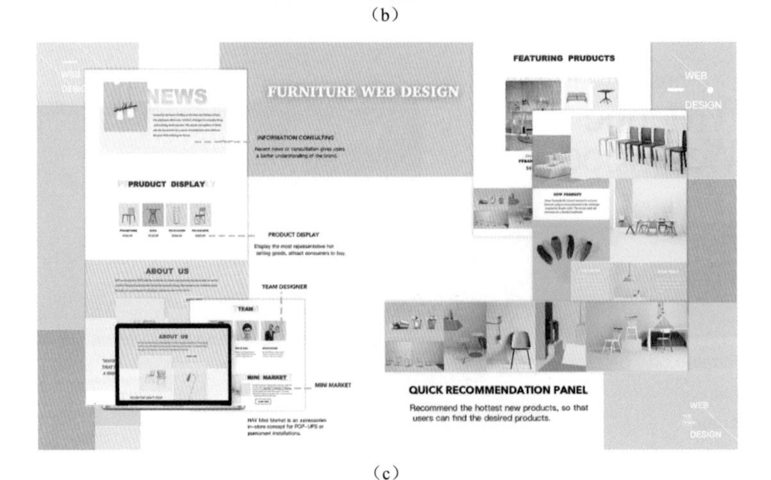

（c）

图 12-6　日韩小清新风格

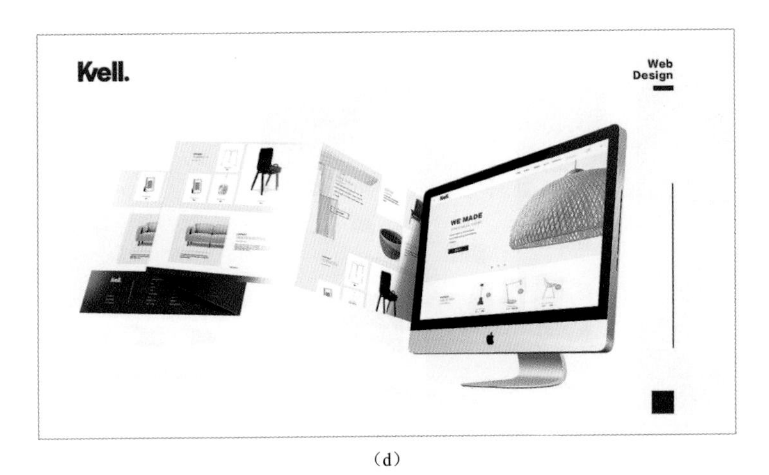

（d）

图 12-6　日韩小清新风格（续）

7）北欧风格——适合高端或者小众追求自我个性表达的产品设计（图 12-7）。

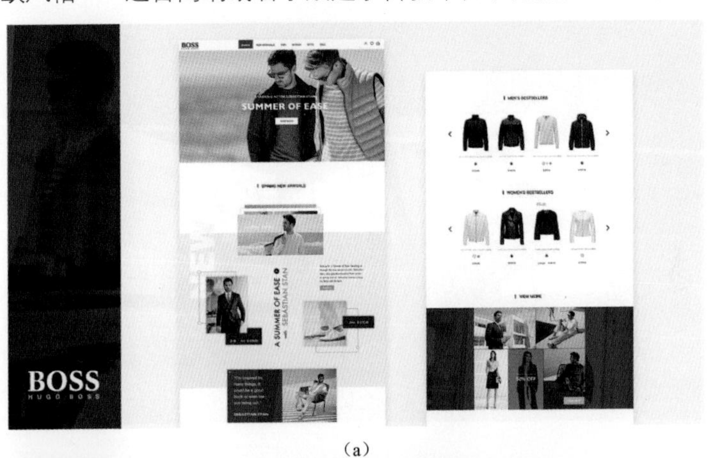

（a）

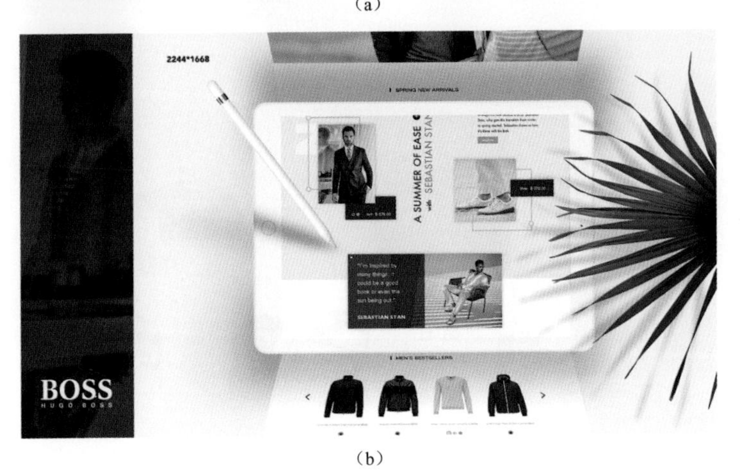

（b）

图 12-7　北欧风格

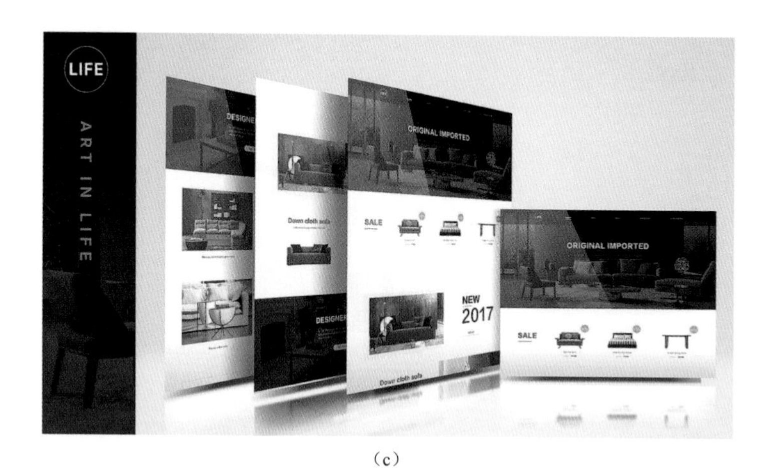

（c）

图 12-7　北欧风格（续）

8）彩虹炫彩风格——适合个性强烈时尚的产品设计（图 12-8）。

（a）

（b）

图 12-8　彩虹炫彩风格

(c)

图 12-8　彩虹炫彩风格（续）

12.2　网页 UI 规范建立

1）字体和排版方案，包括每个部分的字体类型、尺寸、字重以及具体用法。

例如，网页常用 8 种字体。

中文：微软雅黑、黑体、华文细黑、宋体。

英文：Arial、Tahoma、Helvetica、Georgia。

2）配色方案，包括每种色彩的具体参数，以及其他可接受的色调，包括背景色、主题色。

3）LOGO，包括它的样式、变体、尺寸以及位置的说明。

4）拼写、关键词的选择、文案的风格。

5）按钮的各个状态和尺寸、社交媒体图片的尺寸等。

6）图片使用规范，包括尺寸色彩、裁剪规则和视觉表现方面的标准。

7）SEO 信息，比如可选的标签和关键词。

8）栅格标准（主要用作网页排版和响应式适配）。

9）空间与留白方面的说明（设计的松紧度等）。

10）隐藏状态说明（设计开发中会有疑问的点）。

第13章 网站公共控件及交互事件

13.1　网站地图与模块设计

网站地图又名 Site Map，网站地图呈现树结构，以主页为树的根节点。网站地图采用树结构的优点是，可以让我们对产品的整体模块和不同栏目、功能单元有一个清晰的认识。网站地图有扁平化模块的，也有纵向深入型和复杂深度型。

网站地图一般分两种，一种是给搜索引擎看的，一种是给用户看的，前者帮助搜索引擎更好地收录你的网站，后者帮助用户更好地了解你的网站整体结构，更快地找到他们想要找的内容。

图 13-1 所示为 Web 端设计组件分类。

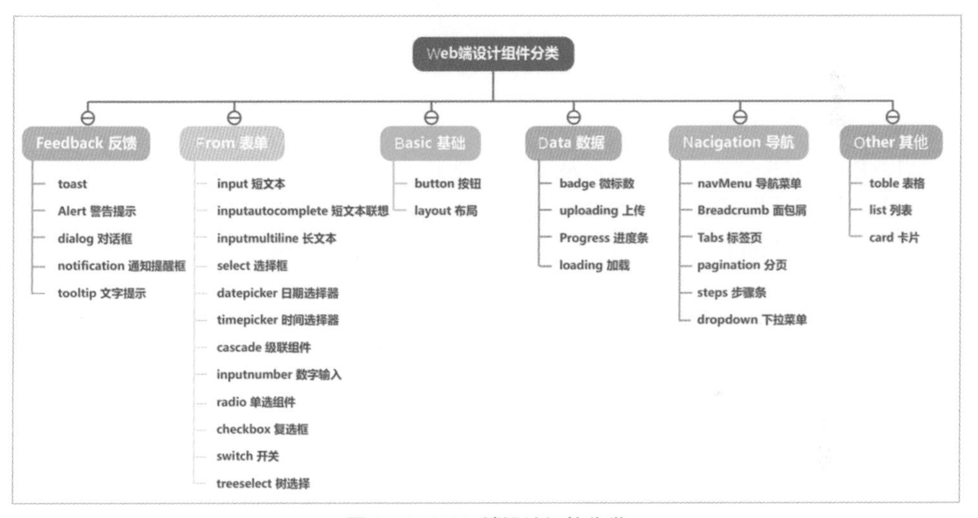

图 13-1　Web 端设计组件分类

13.2　网页常见控件类型

1. 常见控件

常见网页 UI 控件包括：

Label（标签）、ScrollView（滚动视图）、ScrollBar（滚动条）、Mask（遮罩）、Button（按钮）、ProgressBar（进度条）、EditBox（输入框）、CheckBox（复选框）、Image（图片）、List（列表）、Menu（菜单）、Navigation（导航）、Tab（选项卡）、Toast（提示）、Alert（警示提示）、Dialog（对话框）、Divider（分割线）、Timepicker（时间选择器）等。

各类网页 UI 控件还会自带样子，我们可以为同样的功能设计多种样式，如时间选择器。

2. 页面操作触发事件

按钮属性用于设置当按钮处在普通（Normal）、按下（Pressed）、悬停（Hover）和禁用（Disabled）四种状态。

Toast 的消息提示分类一共有三种类型：成功类、失败类和常规类。

3. 网页端表单的五种操作状态

网页端表单的五种操作状态为：标签→输入框→反馈→动作→帮助。

1）标签：提示当前表单是做什么的。

2）输入框：用来输入信息。

3）反馈：用户做了动作之后，界面回馈用户的信息。

4）动作：表单中的按钮，帮助人机操作的按键。

5）帮助：辅助用户了解用户功能的信息。

4. 反馈信息的类型

1）Push 指的是系统的通知，从下到上弹出。

2）Toast 自己出现，自己消失，时间只有 1 秒，文字简短只有一行。

3）Tips 是 App 内部或者网站内部，由顶部往下而来的通知。

Tips 可以系统关闭，Push 一般不能。

4）下拉菜单和边栏，一般采取递进形式，每层级只有一个关键字段信息。

5）Disable 状态的提示（可单击状态，用颜色的灰度告诉 UI 设计人员或者研发人员是不可用的）。

13.3 网页常见事件

1. UI 事件：当用户与页面上的元素交互时触发

1）焦点事件：当元素获得或失去焦点时触发。

2）鼠标事件：当用户通过鼠标在页面上执行操作时触发。

3）滚轮事件：当使用鼠标滚轮时触发。

4）文本事件：当在文档中输入文本时触发。

5）键盘事件：当用户通过键盘在页面上执行操作时触发。

2. 变动事件：当底层 DOM 结构发生变化时触发

1）load：当页面完全加载后在 window 上面触发；当所有框架都加载完毕时在框架集上面触发；当图像加载完毕时在 <img> 上面触发；或者当嵌入的内容加载完毕时在 <object> 元素上面触发。

2）unload：当页面完全卸载后在 window 上面触发；当所有框架卸载后在框架集上面触发；或者当嵌入的内容卸载完毕后在 <object> 元素上面触发。

3）abort：在用户停止下载过程时，如果嵌入的内容没有加载完，则在 <object> 元素上触发。

4）error：当发生 JavaScript 错误时在 window 上触发，当无法加载图像时在 <img> 元素上触发，当无法加载嵌入内容时在 <object> 内容上触发。

5）select：当用户选择文本框（<input> 或 <textarea>）中的一个或多个字符时触发。

6）resize：当窗口或框架的大小变化时在 window 或框架上面触发。

7）scroll：当用户滚动带滚动条的元素中的内容时，在该元素上面触发。

8）当焦点从页面的一个元素移动到另一个元素时，会依次触发下列事件。

- focusout：在失去焦点的元素上触发。
- focusin：在获得焦点的元素上触发。
- blur：在失去焦点的元素上触发。
- focus：在获得焦点的元素上触发。

第14章 响应式网页设计与栅格化

14.1　响应式网站设计概念

响应式网站设计（Responsive Web Design）的理念是：页面的设计与开发应当根据用户行为以及设备环境（系统平台、屏幕尺寸、屏幕定向等）进行相应的响应和调整（图 14-1）。具体的实践方式由多方面组成，包括弹性网格和布局、图片、CSS Media Query 的使用等。无论用户正在使用笔记本式计算机还是 iPad，页面都应该能够自动切换分辨率、图片尺寸及相关脚本功能等，对页面元素进行重新排版，甚至隐折叠、字体尺寸变化、版式调整等以适应不同设备的最佳浏览效果。

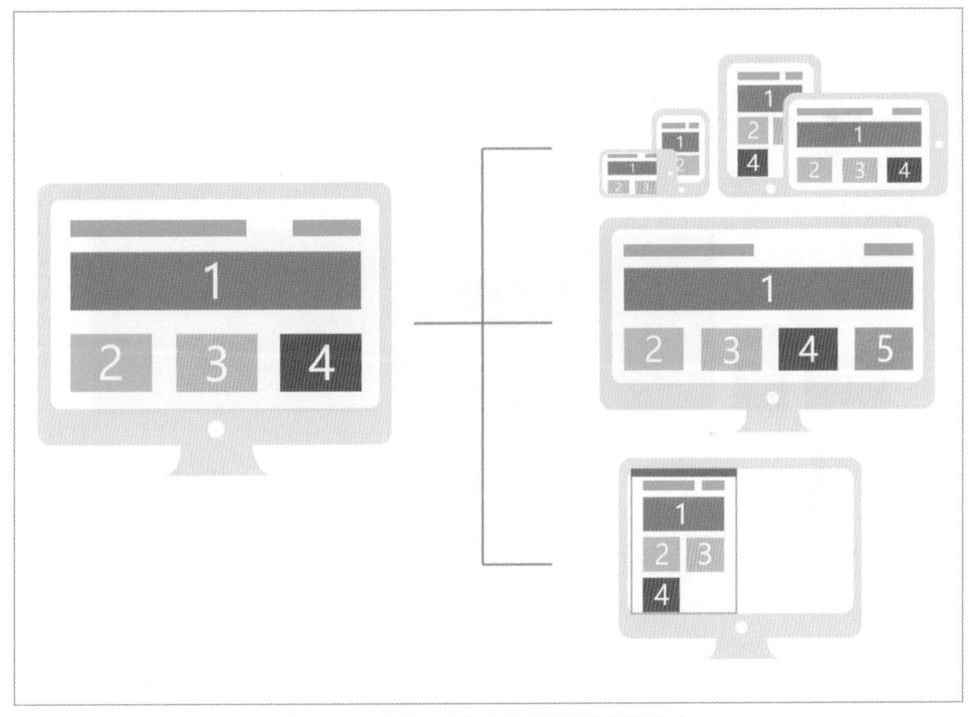

图 14-1　网页的内容布局适配硬件屏幕尺寸

14.2　响应式网站的宽度尺寸

随着硬件设备的多元化，我们需要设计适应各种屏幕尺寸的页面（图 14-2）。响应式网站的宽度没有固定的尺寸，按照不同的项目开发要求去定，一般是 3 ～ 5 的宽度，用来适配台式机、笔记本式计算机、平板电脑的横屏竖屏和手机的横屏竖屏。建议尺寸：宽度包括 480px、600px、840px、960px、1280px、1440px、1600px、1920px（图 14-3）。

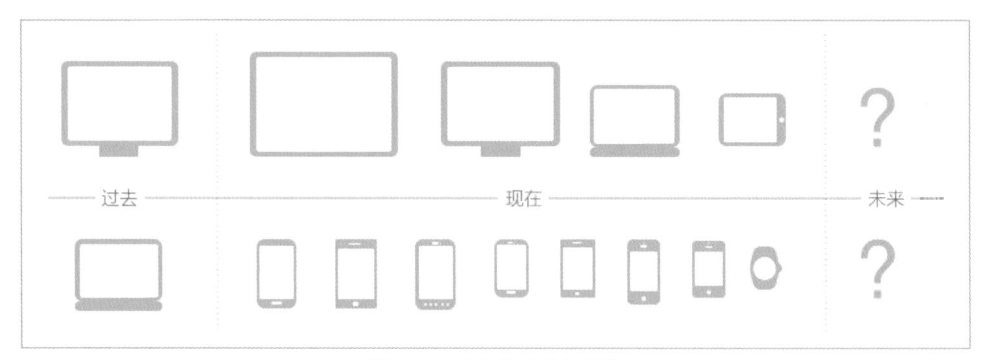

图 14-2 设备尺寸的多元化

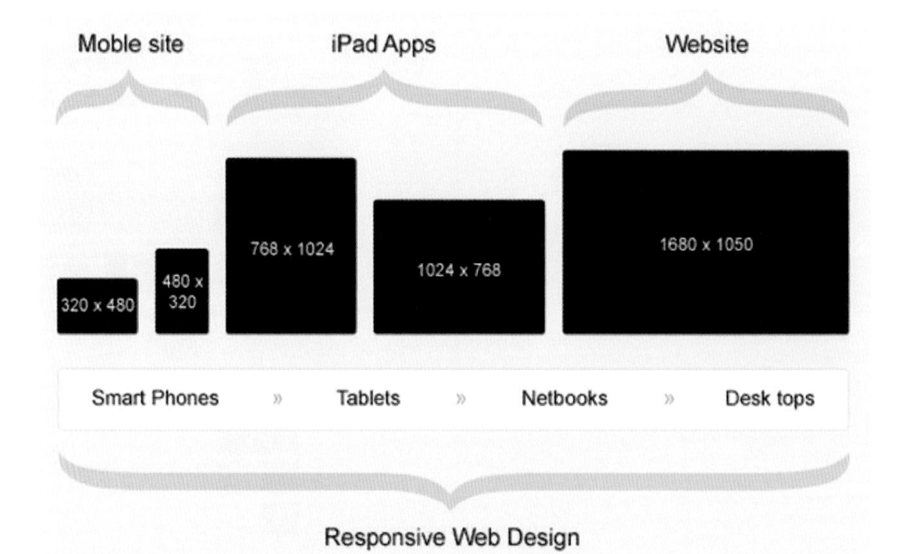

图 14-3 对应的设备网页建议尺寸

图 14-4 所示为微软的主页的响应式排版。

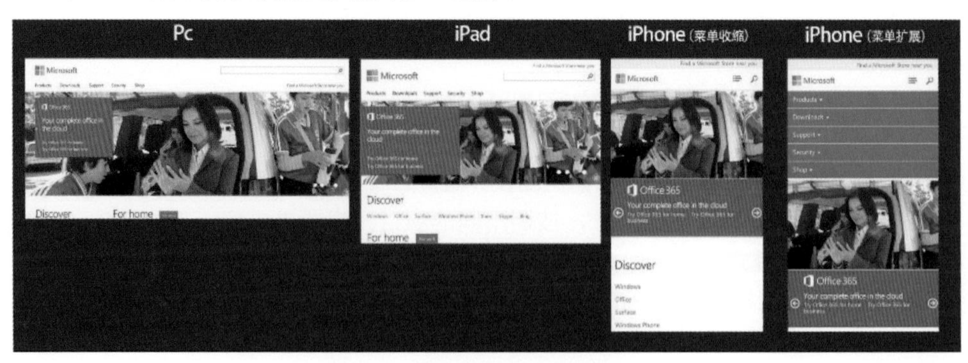

图 14-4 微软的主页的响应式排版

推荐一个响应式网页欣赏站点，其中大概有几百个优秀的响应式网页案例：http://mediaqueri.es/。

14.3　响应式线框图绘制

一般来说，虽然比较优秀的响应式会画手机竖向、手机横向、PAD 竖向、PAD 横向和 PC 电脑 5 种宽度的线框。但是，基础一般是先画完手机和电脑 2 个版本，其他的在此基础上进行修改即可。

1）响应式手绘线框（图 14-5）。

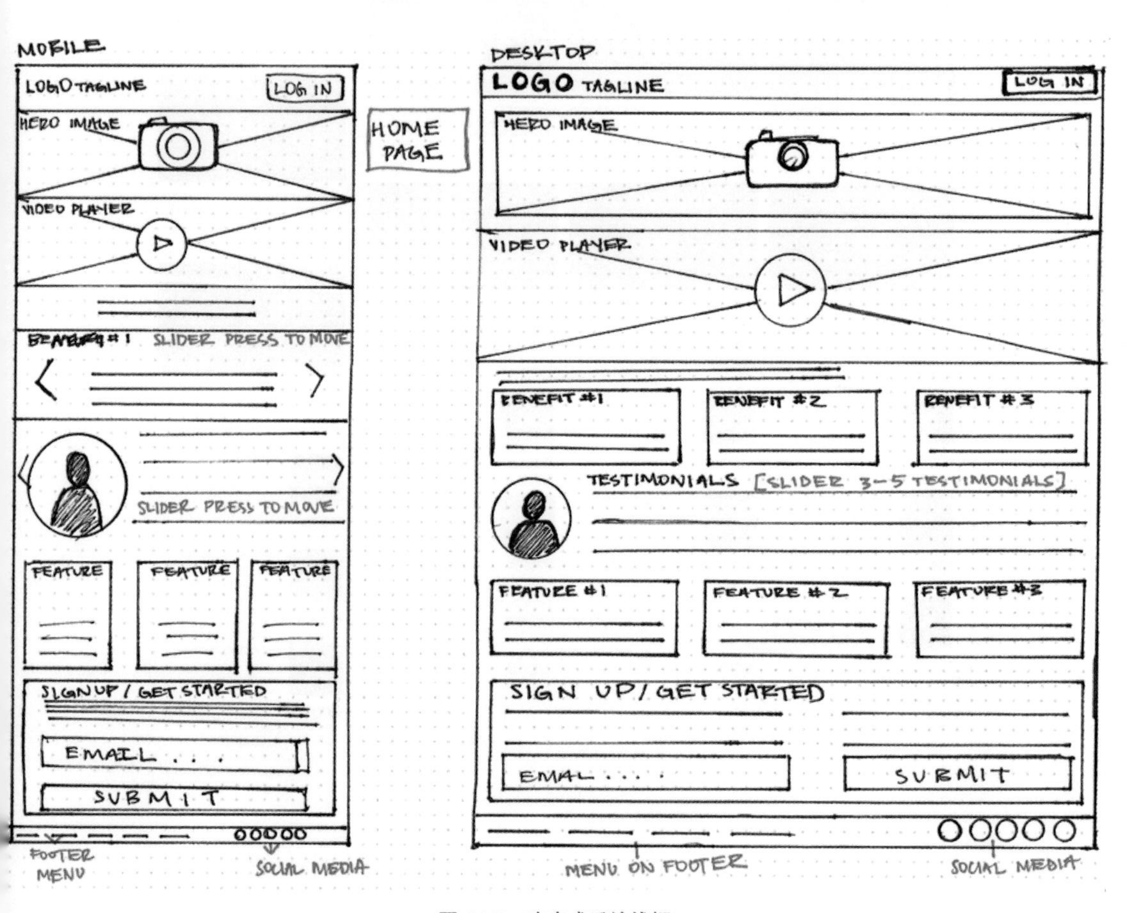

图 14-5　响应式手绘线框

2）响应式机绘线框（图 14-6）。

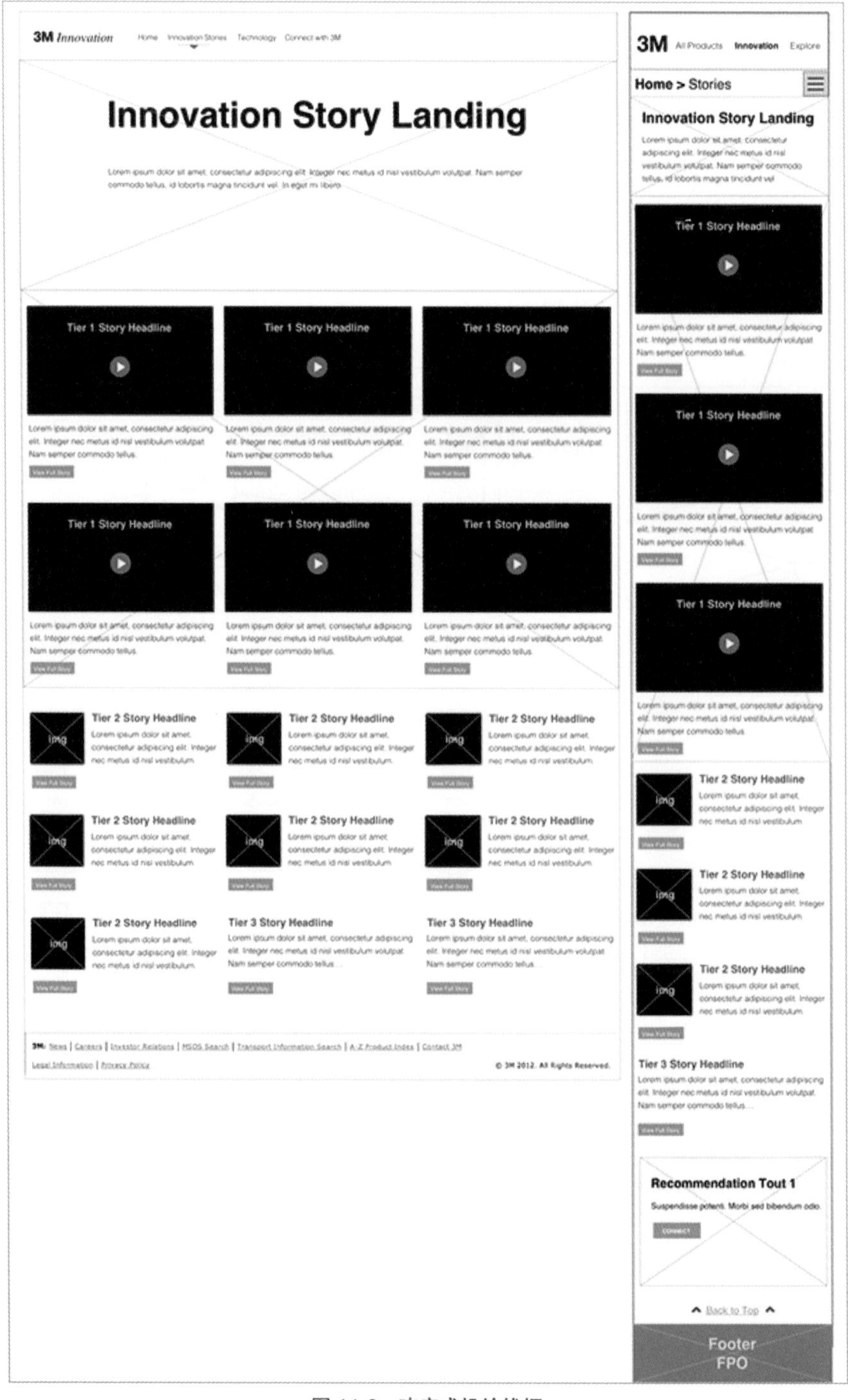

图 14-6　响应式机绘线框

◇◆ 14.4　网页的栅格化设计

1. 为什么我们需要网格布局

在我们的 Web 内容中，可以将其分割成很多个内容块，而这些内容块都占据自己的区域（Regions），可以将这些区域想象成是一个虚拟的网格。到目前为止，在一个模板中使用不同的结构标签，使用多个浮动和手动计算实现一个布局。这对 Web 前端人员来说，是一件痛苦的事。而网格布局将让你摆脱这样的困局，让你的布局方法变得非常简单与清晰。

栅格化设计特别适用于由大量系统自动生成的页面，如门户站的新闻和视频站等（图 14-7）。

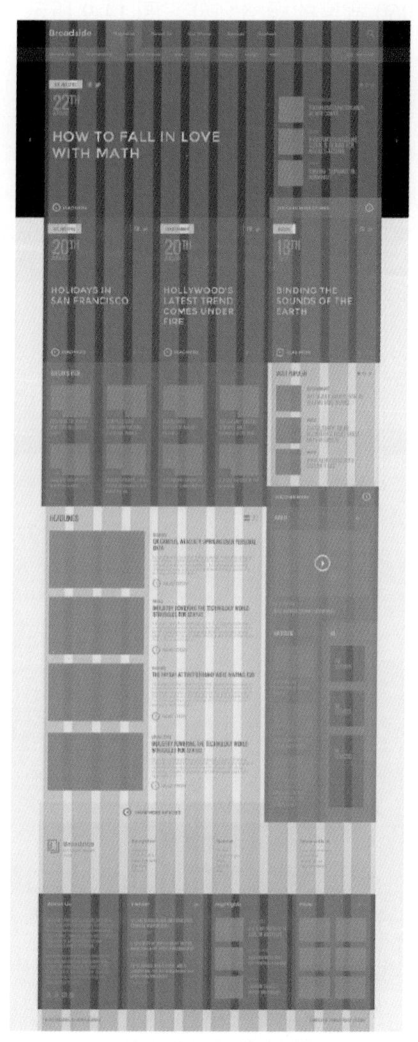

图 14-7　网页线框栅格案例

2. 什么是 CSS Grid Layout

CSS Grid Layout 是 CSS 为布局新增的一个模块。网格布局特性主要是针对 Web 应用程序的开发者，可以用这个模块实现许多不同的布局。网络布局可以将应用程序分割成不同的空间，或者定义它们的大小、位置以及层级。

就像表格一样，网格布局可以让 Web 设计师根据元素按列或行对齐排列，但它和表格不同，网格布局没有内容结构，从而使各种布局不可能与表格一样。例如，一个网格布局中的子元素都可以定位自己的位置，这样它们可以重叠和类似元素定位。

所谓网格设计，就是把页面按照等比分成等分格子，所有元素按照最小单位的倍数尺寸来设计，以便于后期前端排版有规律，好算定位，网页看起来规整，适合响应式多分辨率适配，适合大型动态网站布局，CSS 更好写！

图 14-8 所示为基于 960 宽度的栅格划分。图 14-9 所示为网页栅格算法。

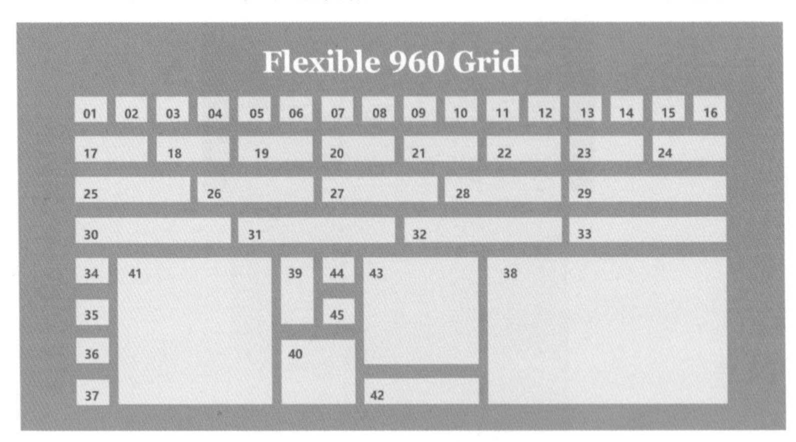

图 14-8　基于 960 宽度的栅格划分

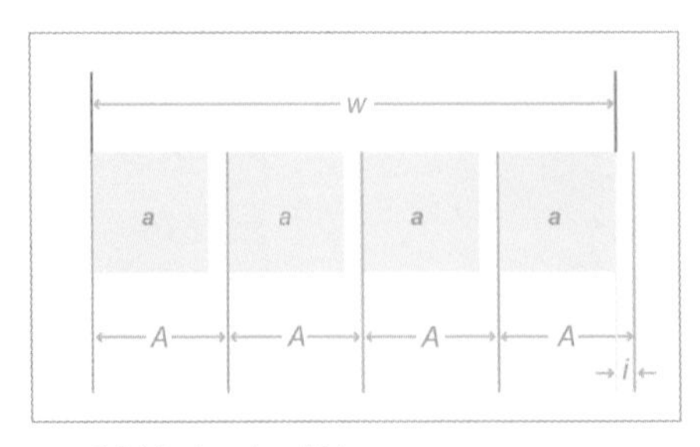

$(A \times n) - i = W$

A：一个栅格单元的宽度

a：一个栅格的宽度

$A = a + i$

n：正整数

i：栅格与栅格之间的间隙

w：页面 | 区块的宽度

图 14-9　网页栅格算法

14.5　现在流行的一页式布局

所谓一页式布局，就是 TABLE 单元格布局，而最近流行的布局是一页式滚动布局（图 14-10），也有 TAB 标签和一页式结合的页面布局。

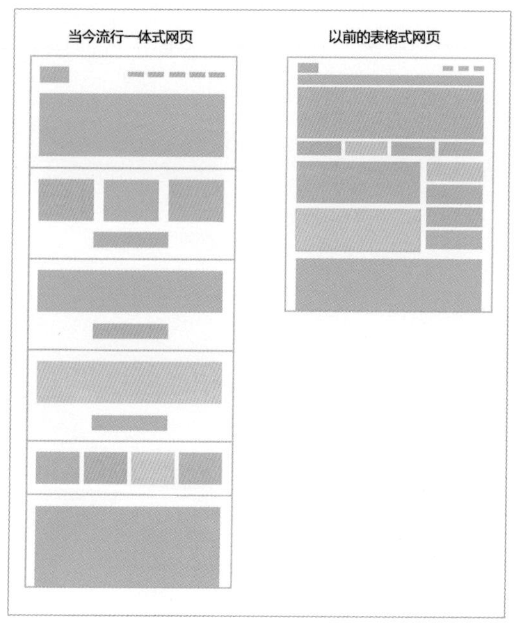

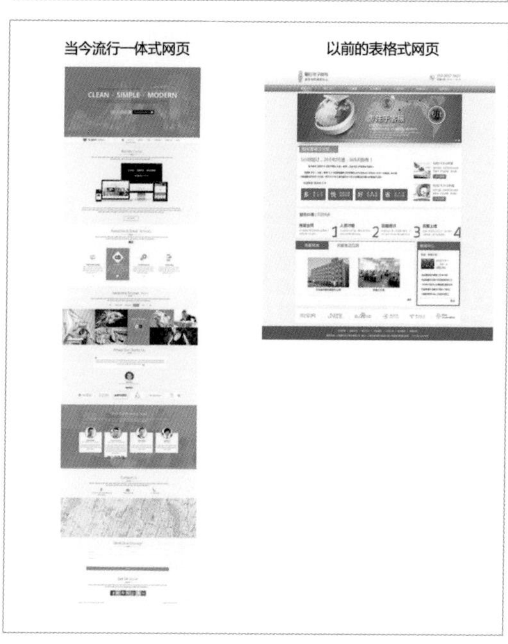

图 14-10　一页式布局

第15章 四类网站的功能模块与布局

15.1　企业官网功能模块与布局

1. 企业站设计的常见功能模块

- 关于我们、公司新闻、门户资讯、服务项目、产品展示、我们的优势。
- 团队介绍、用户评价、客户案例、常见问题、公司报价、联系我们。
- 公司历程、新闻告示、通栏广告、商城、网页页脚、友情链接。

企业站会由以上模块的 5 ～ 8 个组成。

常见组成有 LOGO、导航栏、关于我们 / 公司历程、产品 / 服务介绍、团队介绍、客户案例、友情链接等。

2. 企业站常见排版示例（图 15-1）

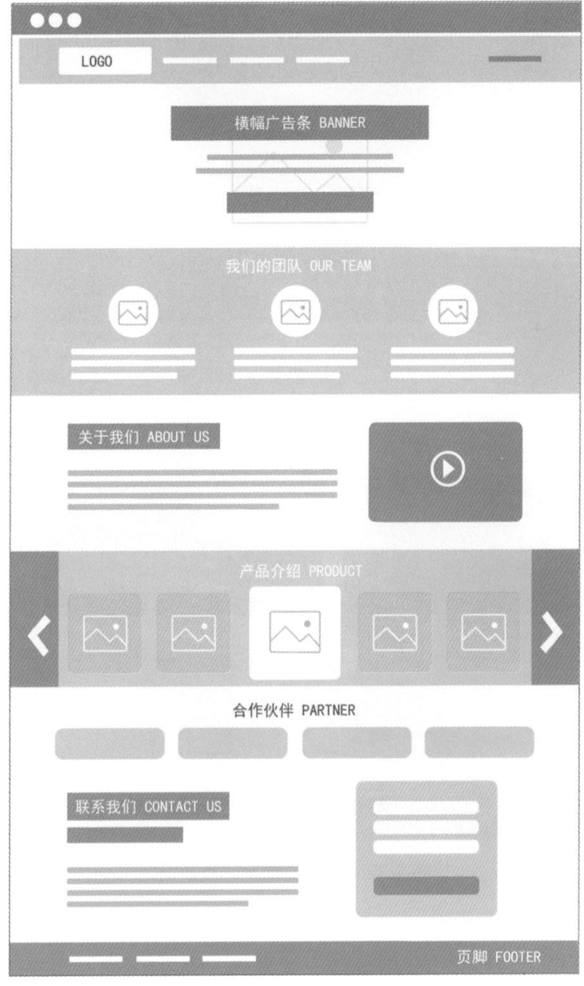

图 15-1　企业站常见排版示例

◆ 15.2 电商站常见功能模块与布局

1. 电商站的常见功能模块

- LOGO 店招、产品分类、优惠券、VIP 俱乐部。
- HOT 热卖、NEW 上新、产品优势、团购优惠。
- 节日运营、优惠促销、产品详情、BANNER。
- 产品展示、系列产品、我们的优势、联系我们。
- 售后服务、当季热卖、活动推广、原料工艺。

2. 电商站常见排版示例（图 15-2）

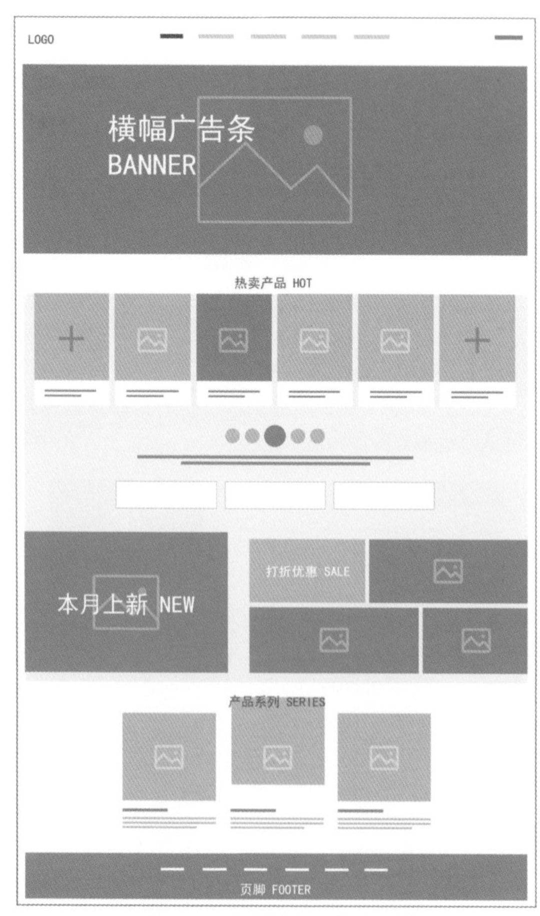

图 15-2　电商站常见排版示例

电商站一般由以上模块的 5 ～ 8 个组成。

常见组成有 LOGO 店招、产品分类、优惠券、系列产品、当季热卖、NEW 上新、售后服务、我们的优势、联系我们等。

15.3　活动页专题设计常见功能模块与布局

1. 活动页专题的常见功能模块

活动页，顾名思义，是对产品及活动进行特定时间段的节庆促销、宣传推广、营销产品的专门页面。

活动页常见模块有活动标题、活动入口、活动奖品 / 商品展示、活动参与人数、有效时间、获奖信息和活动规则。

2. 如何做好活动页

利益点描述：直接折扣、福利优惠、产品优点。

文案和活动策划的新颖：用词和图文吸引眼球。

用故事化的方式设计场景：让用户沉浸思考且愿意去体验。

活动力度重折扣拼价格：利用人喜欢占便宜的心理。

产品优点细节展示：证明质量打消购买者顾虑。

从目标用户的消费力的角度：简朴的 / 平价的 / 高贵的 / 奢华的。

活动页的排版一般比较活泼，元素具有明确的视觉流向指示，用来向下引导重要信息。

元素的使用符合本次活动的主题设计，合理利用空间，对活动信息直观呈现。

首屏尺寸最好在 460 ～ 760px 比较好，重要内容尽量点题设计，引起用户下拉的兴趣。

3. 活动页文案设计

1）时效性文案，抓热点和节日，如“双 11，爱她，就为她清空这辆车！”

2）情感共鸣文案，抓用户痛点，如“所谓孤独就是，有的人无话可说，有的话无人可说。”

3）增加紧迫感，时间限制，如“5 折狂欢，只限今日，再不护肤就老了，最后 50 个试用名额。”

4）产品的优势，突出产品和服务的效率、专业、省费用，如“边睡边掉肉。”

5）抛出问题引起思考，如“人民币一块钱在今天还能买点什么 ?”

6）凸现个性品位，如“与众不同的人”“我们的疯狂，是为了改变世界”“喜欢就表白，不喜欢就拉黑。”

7）不妥的文案，如“暴风雨之后，不仅没看到彩虹，还感冒了。”

8）扎心文案，如“别人在等伞，我在等雨停。”

4. 活动页常见排版示例（图 15-3）

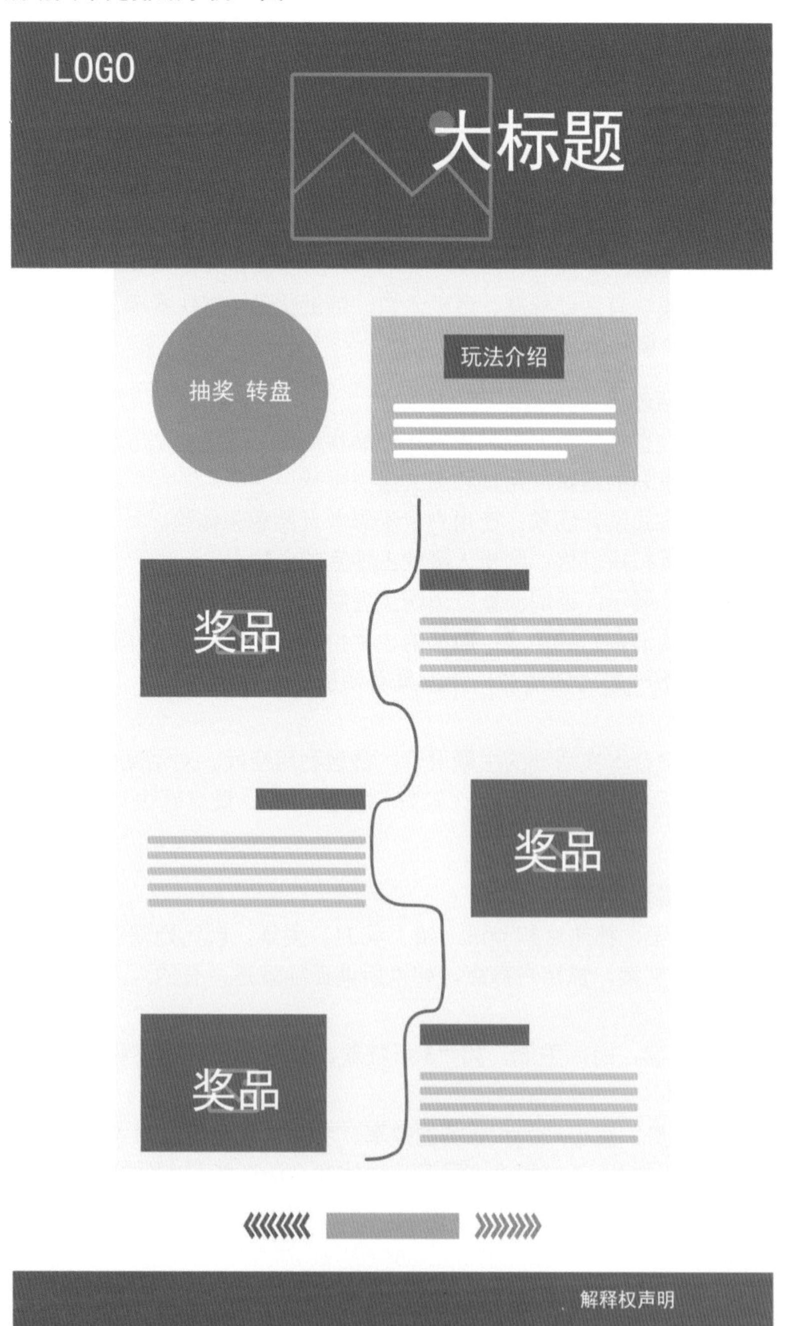

图 15-3 活动页常见排版示例

15.4　PC 后台设计活动页专题设计常见功能模块与布局

本节以电商后台功能块进行讲解。

随着电子商务的发展，网上购物已成为一种时尚，电子商务网站也逐渐成为企业顺应潮流的标配。大多数人知道在电子商务网站前端有查询、注册登录、购物车等功能，那么您知道建设电子商务网站后台功能模块都有哪些吗？今天我们就聊聊电商网站后台功能模块的那些事。

电子商务网站整个系统的后端管理，按功能划分为九大模块。

1. 后台主页

后台主页是各类主要信息的概要统计，包括客户信息、 订单信息、商品信息、库存信息、评论和最近反馈等。

2. 商品模块

1）商品管理：商品和商品包的添加、修改、 删除、复制、批处理、商品计划上下架、SEO、商品多媒体上传等，可以定义商品是实体还是虚拟，可以定义是否预订、是否缺货销售等。

2）商品目录管理：树形的商品目录组织管理，并可以设置关联 / 商品推荐。

3）商品类型管理：定义商品的类型，设置自定义属性项、SKU 项和商品评论项。

4）品牌管理：添加、修改、删除、上传品牌 LOGO。

5）商品评论管理：回复、删除。

3. 销售模块

1）促销管理：分为目录促销、购物车促销和优惠券促销三类，可以随意定义不同的促销规则，满足日常促销活动，如购物折扣、购物赠送积分、购物赠送优惠券、购物免运输费、特价商品、特定会员购买特定商品、折上折、买二送一等。

2）礼券管理：添加、发送礼券。

3）关联 / 推荐管理：基于规则引擎，可以支持多种推荐类型，可手工添加或者自动评估商品。

4. 订单模块

1）订单管理：可以编辑、解锁、取消订单、 拆分订单、添加商品、移除商品、确认可备货等，也可对因促销规则发生变化引起的价格变化进行调整。订单处理完可发起退货、换货流程。

2）支付：常用于订单支付信息的查看和手工支付两种功能。手工支付订单常用于“款到发货”类型的订单，可理解为对款到发货这类订单的一种补登行为。

3）结算：提供商家与第三方物流公司的结算功能，通常是月结。同时，结算功能也是常用来对“货到付款”这一类型订单支付后的数据进行对账。

5. 库存模块

1）库存管理：引入库存的概念，不包括销售规则为永远可售的商品，一个 SKU 对应一个库存量。库存管理提供增加、减少等调整库存量的功能；另外，也可对具体的 SKU 设置商品的保留数量、小库存量、再进货数量。每条 SKU 商品的具体库存操作都会记录在库存明细记录里。

2）查看库存明细记录。

3）备货 / 发货：创建备货单、打印备货单、打印发货单、打印 EMS 快递单、完成发货等一系列物流配送的操作。

4）退 / 换货：对退 / 换货的订单进行收货流程的处理。

6. 内容模块

1）内容管理：包括内容管理以及内容目录管理。内容目录由树形结构组织管理，类似于商品目录的树形结构，可设置目录是否为链接目录。

2）无限制创建独立内容网页，如关于我们、联系我们。

3）广告管理：添加、修改、删除、上传广告， 定义广告有效时限。

4）可自由设置商城导航栏目以及栏目内容、栏目链接。

7. 客户模块

1）客户管理：添加、删除、修改、重设密码，发送邮件等。

2）反馈管理：删除、回复。

3）消息订阅管理：添加、删除、修改消息组 和消息，分配消息组，查看订阅人。

4）会员资格：添加、删除、修改会员。

8. 系统模块

1）安全管理：管理员、角色权限分配和安全日志 。

2）系统属性管理：用于管理自定义属性。可关联模块包括商品管理、商品目录管理、内容管理、客户管理。

3）运输与区域：运输公司、运输方式、运输地区。

4）支付管理：支付方式、支付历史。

5）包装管理：添加、修改、删除。

6）数据导入管理：商品目录导入、商品导入、 会员资料导入。

7）邮件队列管理：监控邮件发送情况，删除发送异常邮件。

9. 报表模块

缺省数个统计报表，支持时间段过滤，支持按不同状态过滤，支持 HTML、PDF 和 Excel 格式的导出和打印。

1）用户注册统计。

2）低库存汇总。

3）缺货订单。
4）订单汇总。
5）退换货。
PC 后台常见排版示例如图 15-4 所示。

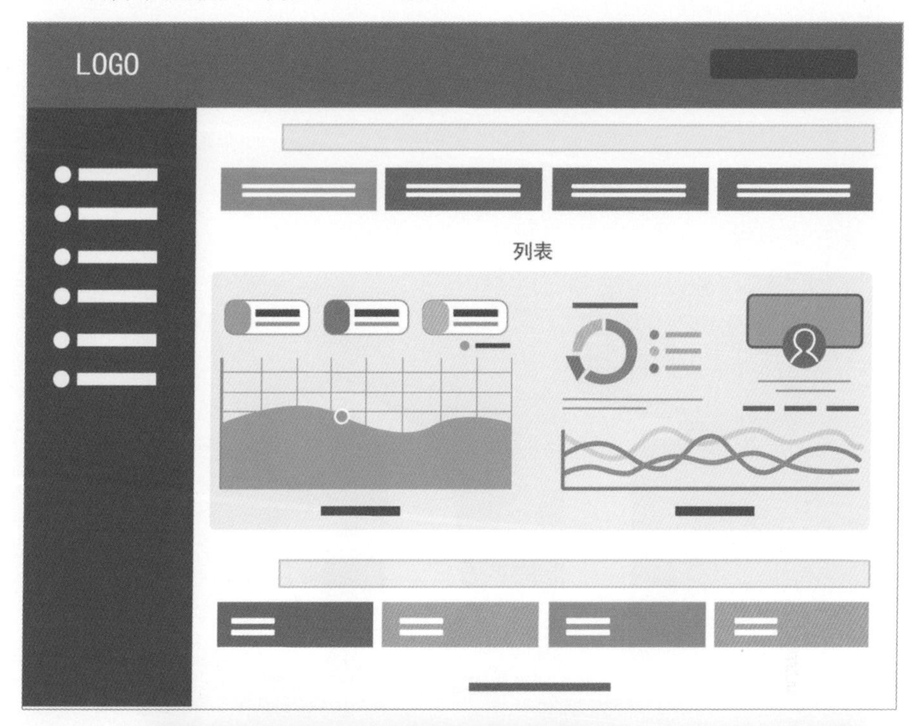

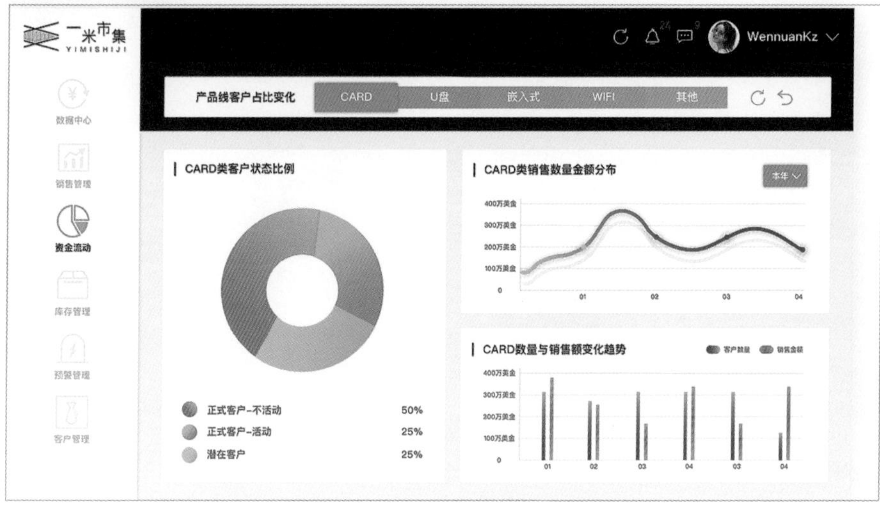

图 15-4　PC 后台常见排版示例

第16章 平面版式设计折页、宣传画册、VI及LOGO

◇◆ 16.1　折页设计

1）宣传折页设计：三折页和宣传单已经成为线下推广品牌、宣传企业文化、推销产品的主要方式。一份精美的三折页会令消费者爱不释手，大大提高消费者对商品的认可。

2）宣传折页使用场景：展会展台边及沿路发放，公司前台及产品旁边。

3）宣传折页尺寸：宣传单三折页尺寸设计通常为 285mm×210mm 的尺寸。折页除了三折页，也有双折、四折、多折，以及不规则边缘类型，具体尺寸可与印刷店联系后咨询可实现工艺，一般在淘宝上即可联系到印刷三折页的公司，500 ～ 1000 张起印。

4）宣传折页配色风格：一般三折页的配色分为单一同色系配色、经典黑白色系、多色系大色块、高清照片、几何图形分割、波浪圆形分割等。

5）宣传折页元素比例：标题字体可以选一些有张力的字体设计。正文的字体不要小于 5mm，否则看不清，图片 + 几何大色块 + 留白 + 文案，这 4 个元素最好各占 1/4，也可以按照展示内容及项目需求增减比例，适当加一些服务及优势解说小图标。

6）三折页版式规范：三折页分为外页（图 16-1）和内页（图 16-2），外页从右到左分为 A\B\C（图 16-3），内页从左到右分为 D\E\F（图 16-4）。

图 16-1　三折页外页

图 16-2　三折页内页

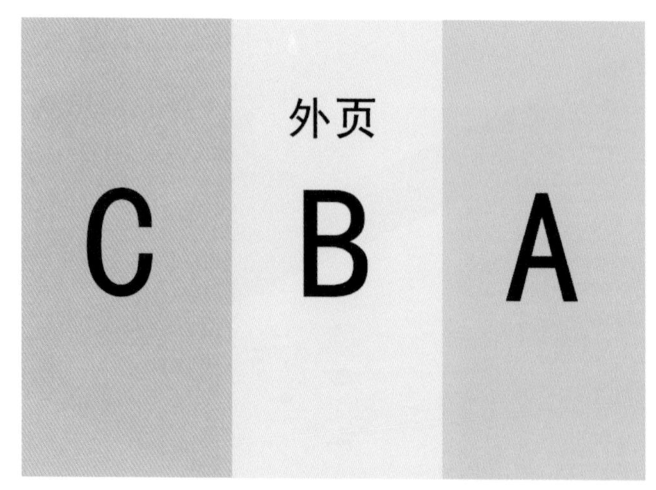

图 16-3　三折页外页 ABC 指示页

外页具有品牌服务及企业文化联系功能。

A 面为封面页，上面有公司名或者本三折页宣传目的，如参展产品等，底图点题。

B 面为联系方式页面，一般上面还会有宣传口号、地点、电话、传真、网站、二维码等。

C 面为公司介绍、品牌历史、服务介绍，或我们的优势等。

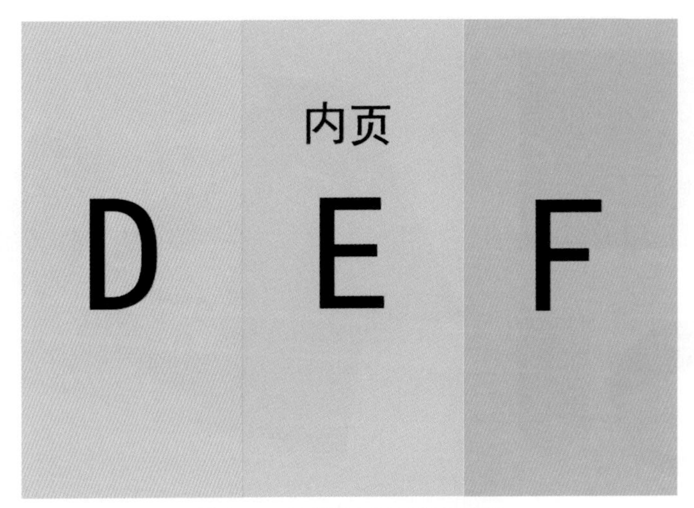

图 16-4　三折页内页 DEF 指示页

内页具有产品目录、报价、细节、优势展示等功能。

D 面为产品大类介绍。

E 面为产品的展示及介绍。

F 面为品牌细节及使用场景。

以上 6 个面可以按照不同的需求进行排布变化。

7）三折页常见折叠法有两种，一种是 Z 字形折叠，一种是包裹形折叠。

8）排版风格：三折页花纹分为全通（即为跨三面）、两通（画面跨二面）和不通（单独的三个画面）。案例展示如图 16-5 所示。

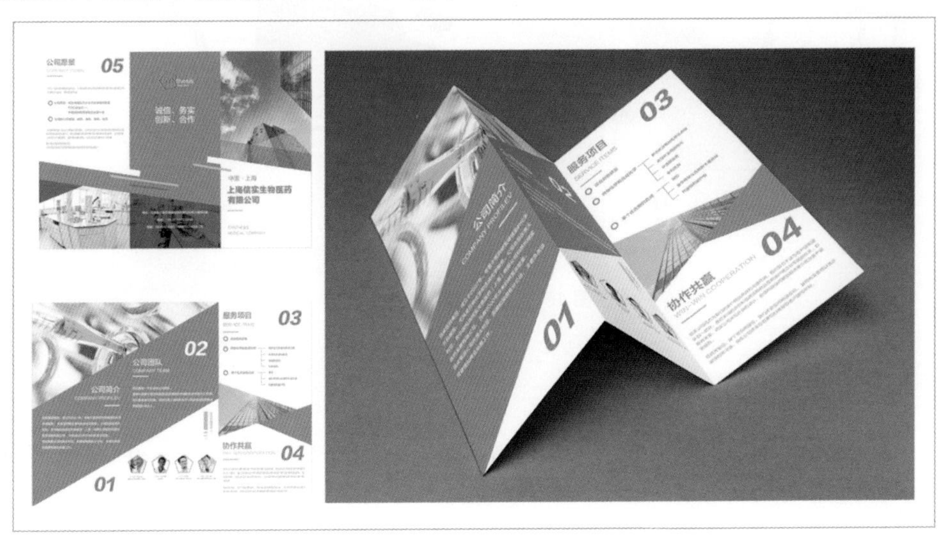

（a）

图 16-5　案例展示

（b）

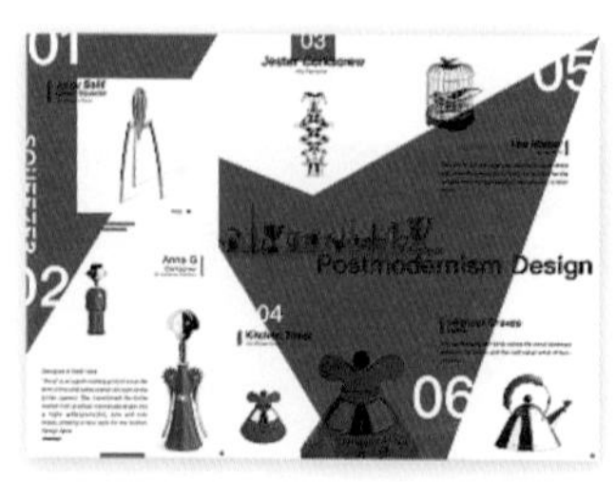

（c）

图 16-5　案例展示（续）

小提示

一般动感斜排版的几何大色块切割画面，并且配以高清照片底图的三折页样式看起来又时尚又好看。好的三折页应该是简洁明了，令人愿意拿在手中并了解上面信息的。

设计的时候，先打好分割参考线，之后按外页一页、内页一页的顺序进行设计。目前比较普遍的三折页都是大度 16 开的，也就是 210mm×285mm 的尺寸折三折。纸张一般都选用 157 克的亚粉纸或者铜版纸。布局排版需要注意的是，不能超过出血位线标记的位置。排版完成后保存文件即可发到印刷店打样！

◈ 16.2　宣传画册设计

1. 宣传册尺寸

1）最常规的宣传册印刷尺寸，适合绝大多数企业和场景：A4 大小，即 210mm×285mm。B4 大小，比 A4 小一圈的宣传册尺寸，即 260mm×185mm。

2）小巧轻便一点的宣传册印刷尺寸，适合样本册等便于携带的宣传册：A5 大小，即 210mm×140mm；B5 大小，比 B4 小一半，比 A5 小一圈。

3）高档大气一些的宣传册也还有一个印刷尺寸：370mm×250mm。

4）非常大气高端的宣传册印刷尺寸，适合楼书、珠宝、豪车等场景：420mm×285mm，一般只用来展示高档产品。

5）正方形的宣传册印刷尺寸，适合文艺等的应用场景：210mm×210mm。

2. 宣传册纸张

一般最常用的宣传册印刷纸张为双铜纸（俗称铜版纸），常用的克重有 80 克、105 克、128 克、157 克、200 克、250 克、300 克和 350 克双铜。铜版纸为平板纸，整张尺寸有 787mm×1092mm、880mm×1230mm 两种规格。还会用到其他一些纸张，如哑粉纸、双胶纸、珠光纸、硫酸纸等特种纸。

3. 宣传册印刷工艺

印刷工艺主要有：过光胶、哑胶、烫金、UV 上光、起凸 / 压凹 / 压纹、模切镂空、打孔针孔、植绒等。

订本方法有铁丝订、骑马订、缝纫订、锁线订、粘胶订和塑线烫订等。

4. 宣传册版式设计

宣传册的最外层有封面和封底，封面写上公司名或者此宣传册目的标题。封底一般是公司地址、邮编、电话、网站等信息。

内页有目录、公司简介等。排版的时候要注意页头、页脚、页码的位置，左右页以及哪一边是装订的方向，以便于印刷后装订不出问题。

5. 常见版式（图 16-6）

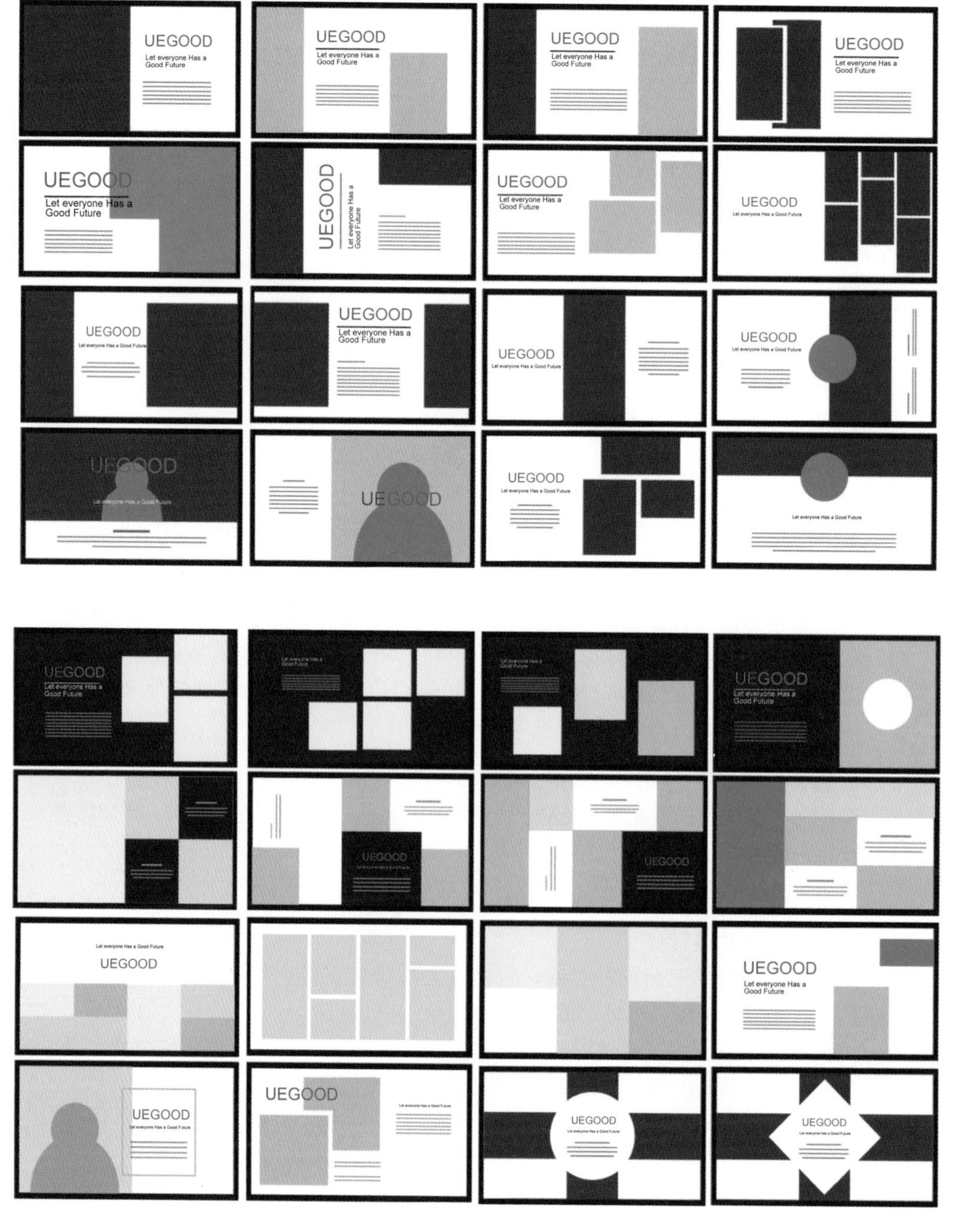

图 16-6　常见版式

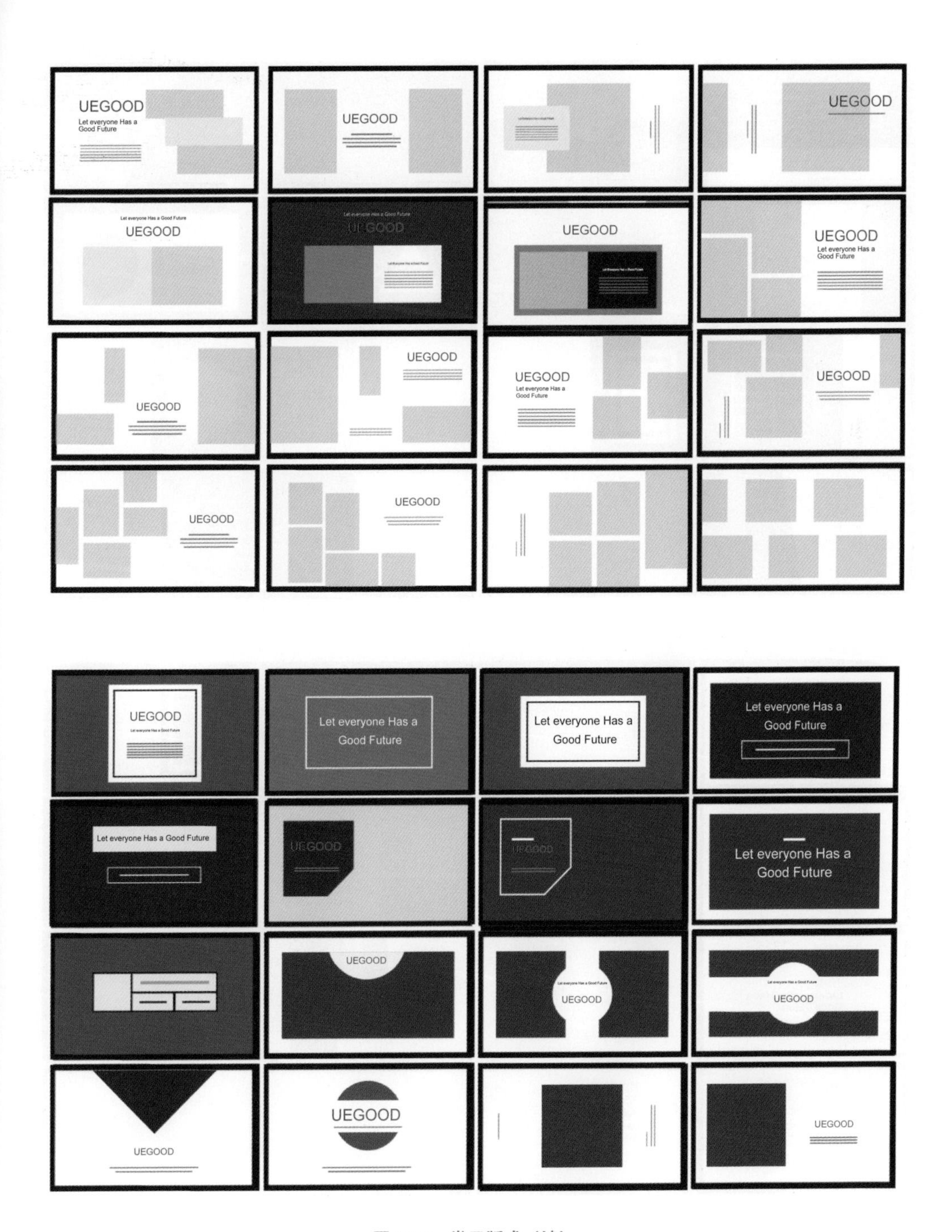
UEGOOD
Let everyone Has a
Good Future
UEGOOD
UEGOOD
UEGOOD
UEGOOD
UEGOOD
Let everyone Has a
Good Future
UEGOOD
UEGOOD
UEGOOD
Let everyone Has a
Good Future
UEGOOD
UEGOOD
UEGOOD
UEGOOD
Let everyone Has a
Good Future
Let everyone Has a
Good Future
Let everyone Has a
Good Future
Let everyone Has a Good Future
Let everyone Has a
Good Future
UEGOOD
UEGOOD
UEGOOD
UEGOOD
UEGOOD
UEGOOD

图 16-6　常见版式（续）

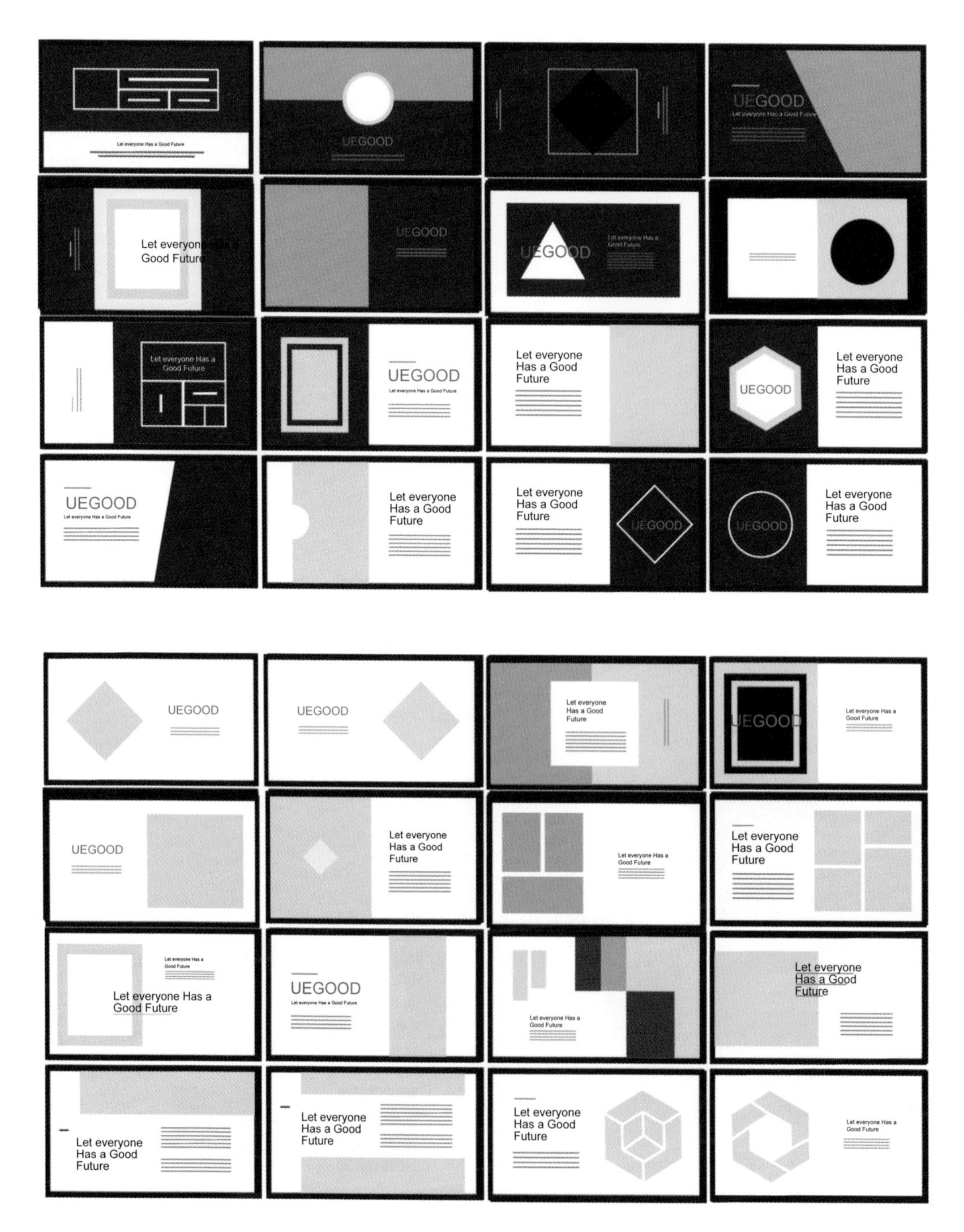
Let everyone Has a Good Future
UEGOOD
UEGOOD
Let everyone Has a
Good Future
UEGOOD
UEGOOD
Let everyone Has a Good Future
Let everyone Has a
Good Future
UEGOOD
Let everyone Has a Good Future
Let everyone
Has a Good
Future
UEGOOD
Let everyone
Has a Good
Future
UEGOOD
Let everyone Has a Good Future
Let everyone
Has a Good
Future
Let everyone
Has a Good
Future
UEGOOD
UEGOOD
Let everyone
Has a Good
Future
UEGOOD
UEGOOD
Let everyone
Has a Good
Future
UEGOOD
Let everyone Has a
Good Future
UEGOOD
Let everyone
Has a Good
Future
Let everyone Has a
Good Future
Let everyone
Has a Good
Future
Let everyone Has a
Good Future
Let everyone Has a
Good Future
UEGOOD
Let everyone Has a Good Future
Let everyone Has a
Good Future
Let everyone
Has a Good
Future
Let everyone
Has a Good
Future
Let everyone
Has a Good
Future
Let everyone
Has a Good
Future
Let everyone Has a
Good Future

图 16-6　常见版式（续）

16.3　VI 及 LOGO 设计

1. VI 和 LOGO 的概念

VI 即 Visual Identity，通译为视觉识别系统，是 CIS 系统最具传播力和感染力的部分。CIS 是 Corporate Identity System 首字母缩写，意思是“企业形象识别系统”。CIS 的具体组成部分：理念识别（MI）、行为识别（BI）、视觉识别（VI）。

LOGO（logotype 的简称）是一种标志设计的名称，商品、企业、网站等为自己主题或者活动识别性而做的标志设计，如图 16-7 所示。

图 16-7　标志设计

2. 网站 LOGO 尺寸

（1）88cm×31cm，这是互联网上最普遍的 LOGO 规格。

（2）120cm×60cm，这种规格属于一般大小的 LOGO。

（3）120cm×90cm，这种规格属于大型 LOGO。

网站 LOGO 如图 16-8 所示。

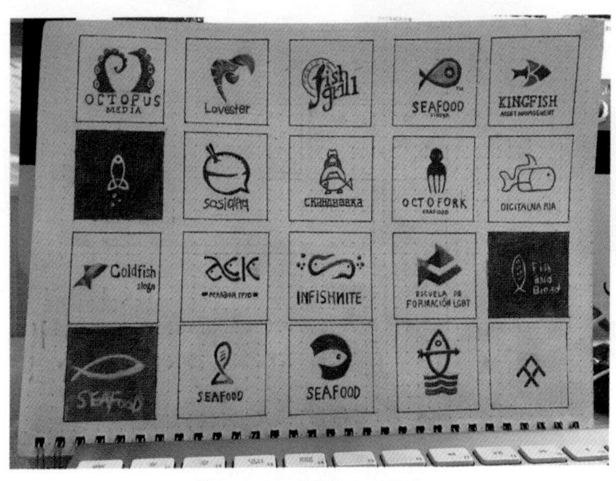

图 16-8　网站 LOGO

LOGO 手绘，比如要设计一个和鱼有关的 LOGO，可以多尝试搜集灵感，然后绘制草图，让客户挑选他喜欢的 LOGO 风格，以便于确定后期设计方向。

3. LOGO 设计原则

1）简洁、有创意、可扩展性、独特性。

2）在黑色、白色、多色底色下均能良好显示。

3）在小尺寸下能良好显示，识别性强。

4）在众多情况下能良好显示（如产品包装上、广告上等）。

5）通常要包含公司的名称。

6）可以通过 LOGO 联想到品牌的产品定位及推广意图。

7）LOGO 有竖排版和横排版两种，最好有辅助格子来展示比例，如图 16-9 所示。

图 16-9　横排 LOGO 和竖排 LOGO

优秀 LOGO 案例如图 16-10 所示。

图 16-10　优秀 LOGO 案例

4. LOGO 设计手法

LOGO 的设计手法主要有以下几种。

1）图形：阴阳组合、重复排列、缺省部分、部分替换、连贯打通、增加透视。

LOGO 设计手法案例如图 16-11 所示。

图 16-11　LOGO 设计手法案例

2）字体：笔画相连、简化笔画、附加元素、底图镶嵌、元素象征、柔美卷曲、刚直碎裂、正负空间、书法印章、透视立体。

LOGO 字体案例如图 16-12 所示。

图 16-12　LOGO 字体案例

LOGO 设计流行趋势：随着品牌的成长，LOGO 也会升级。例如 NIKE 标志，开始要品牌名，随着宣传力度加大，去掉品牌名凸显“JUST DO IT.”价值观，最后只剩下 LOGO 图形。NIKE LOGO 演变、苹果 LOGO 演变、知名品牌 LOGO 演变如图 16-13 ～图 16-15 所示。

图 16-13　NIKE LOGO 演变

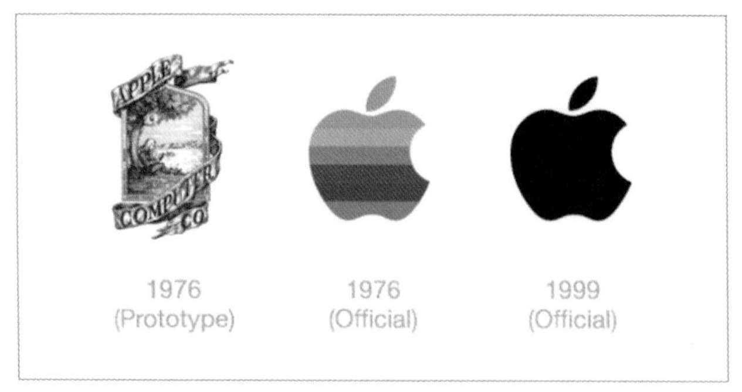

图 16-14　苹果 LOGO 演变

图 16-15　知名品牌 LOGO 演变

现在流行的 LOGO 样式有一种尺轨绘图的 YOGA 风格，渐渐成为 LOGO 设计的主流，如图 16-16 所示。

图 16-16　YOGA 风格 LOGO

5. LOGO 配色

以蓝色和红色为主，这两个颜色深浅合适，红色为企业成功色，蓝色代表科技，黑色经典，绿色寓意健康自然，黄色代表能源太阳等，橙色为活力救援色，粉色代表化妆品等女性用品。当然这些寓意也不是绝对的，可以按照需求使用适当的颜色。LOGO 品牌色排列如图 16-17 所示。

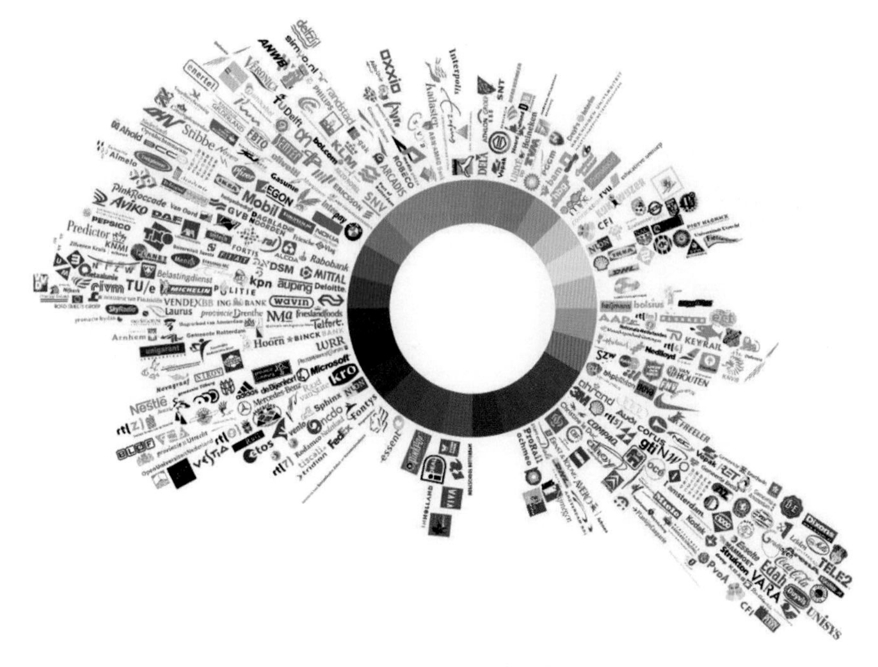

图 16-17　LOGO 品牌色排列

6. VI 视觉识别基本要素系统

- 企业标志设计。
- 企业标准字体。
- 企业标准色（色彩计划）。
- 企业造型（吉祥物）。
- 企业象征图形。
- 企业专用印刷字体设定。
- 基本要素组合规范。
- 标识符号系统（企业专用形式）。

7. VI 视觉识别应用要素系统

- 办公事务用品设计。
- 公共关系赠品设计。

- 员工服装规范。
- 企业车体外观设计。
- 办公环境识别设计。
- 企业广告宣传规范。
- 企业形象广告及广告识别系统。

8. 企业商品包装识别系统

VI 设计展示如图 16-18 所示。

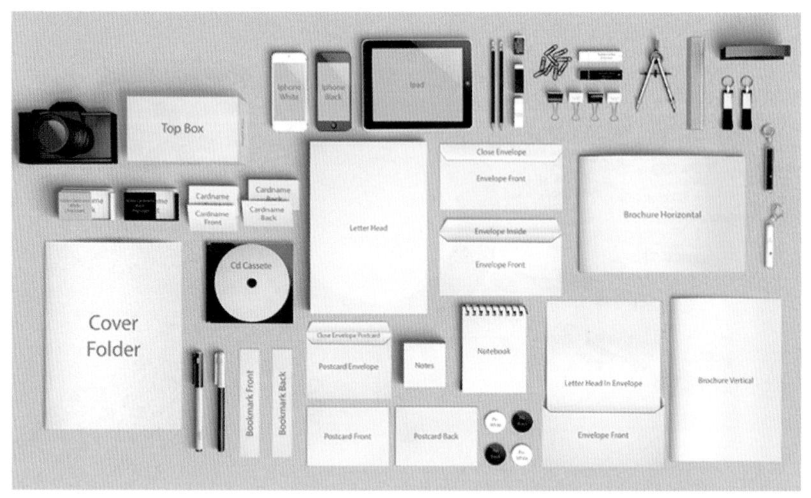

图 16-18　VI 设计展示

第17章 运营设计

UI 分为产品型 UI 和运营型 UI。负责 App 和 Web 等产品的 UI 设计的为产品型 UI。负责产品上线后的内容更换，如 BANNER、启动页、闪屏、HTML 5 活动推广页、网页推广活动页、广告海报设计的 UI 设计为运营型 UI。随着 App 和网站类产品的上线，目前市面上运营型 UI 非常紧俏。

一个运营 BANNER 或者活动页面设计得好不好，需要考虑到这个产品的受众群体的喜好和接受程度，还要考虑这个活动投放的平台、曝光率、点击率、转化率、留存率等。

运营名词介绍如下。

PV：Page View，页面访问量，也就是曝光量。

UV：Unique Visitor，独立访客数，同一个访客多次访问也只算 1 个访客。通常情况下是依靠浏览器的 cookies 来确定访客是否是独立访客(之前是否访问过该页面)。在同一台电脑上使用不同的浏览器访问或清除浏览器缓存后重新访问相同的页面，也相当于不同的访客在访问，会导致 UV 量增加。

UIP：Unique IP，独立 IP。和 UV 类似，正常情况下，同一个 IP 可能会有很多个 UV，同一个 UV 只能有一个 IP。

VV：Visit View，访问次数，是指统计时段内所有访客的 PV 总和。

CPC：Cost Per Click，每次点击费用，即点击单价。

CPM：Cost Per Mile，千次展示费用，即广告展示一千次需要支付的费用。

RPM：Revenue Per Mille，千次展示收入。和 CPM 类似，RPM 是针对广告展示商（如 Adsense 商户）而言的。

CTR：Click-through Rate，点击率，即点击次数占展示次数的百分比。

17.1 运营字体排版

一般 BANNER 由 4 ～ 8 字的大标题，如“全场特卖”“新年大促”“双 11 狂欢”等和解说活动内容及范围的二级标题组成。二级标题一般是框定活动内容和规则的，如“全场男装买 300 送 100”“歌舞剧门票统一 5 折”“圣诞节全场饮料买一送一”诸如此类的。还有小点缀，一般是一些利益点文字。如图 17-1 所示为运营字体排版示例。

常见 BANNER 字体设计手法：① 3D 立体字；② Q 版可爱字；③ 刚硬炸裂字；④ 女性柔美字；⑤ 笔画连接字；⑥ 中国风毛笔字；⑦ 笔画添加字；⑧ 质感字体；⑨ 底图凸显字；⑩ 以上方法综合使用。

（a）

（b）　　（c）

图 17-1　运营字体排版示例

◇◆ 17.2 BANNER 版式设计

BANNER 由 5 个重点元素组成，即背景氛围、主标题、二级辅标题（三级小标题，利益点）、外加主物体和点缀。如图 17-2 所示为 BANNER 排版示例。

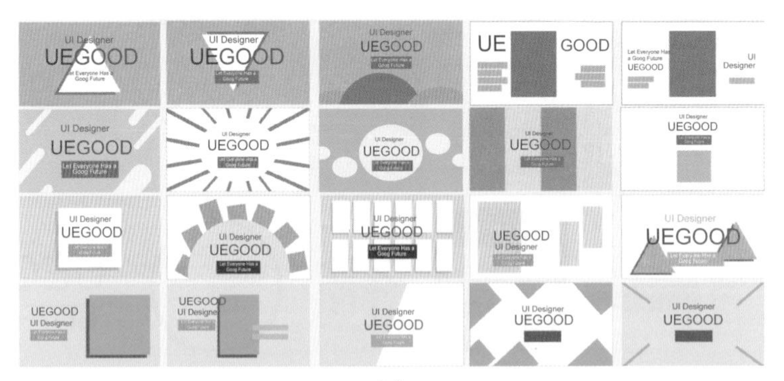

（a）

（b）

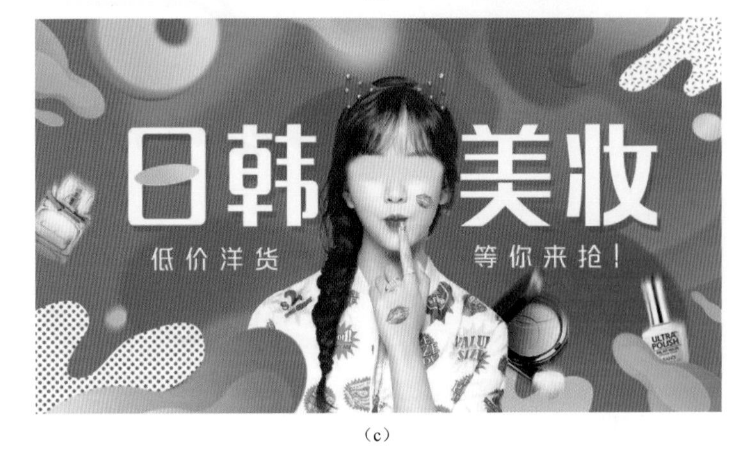

（c）

图 17-2　BANNER 排版示例

（d）

（e）

图 17-2　BANNER 排版示例（续）

17.3　启动页设计

下载并安装完 App 后，或者更新版本后，打开产品，首先会出现一页或者滑屏多页图文并茂的页面（抑或只有文字和纯色背景搭配）。这些页面，有些是描述产品的主要功能，有些是传递产品的理念，也有些是产品的 slogan。这些页面就叫作启动页。

为什么要启动页？原因如下。

1）平滑过渡：掩盖启动太慢的事实，若没启动页，首次登录后等待时间长。

2）传递产品理念，打造品牌价值，引起共鸣。

3）渲染图片，加载内容，提示 App 版本新功能，提示运营节气等。

4）情感故事产生共鸣：如 UEGOOD—Let everyone has a good future!

启动页目前比较流行三种风格，一种是 MBE 风格的，一种是扁平渐变风格的，还有一种是 2.5D 风格的。2.5D 又名等距图或者轴侧图，是一种边缘透视都是平行相等的伪透视风格。大家可以先搜集一些常见的 2.5D 小元素，然后按照引导页的文字说明，配以画面构图。图 17-3、图 17-4 为 2.5D 启动页样例。

安全保障

实名认证，放心理财

图 17-3　2.5D 启动页样例 1

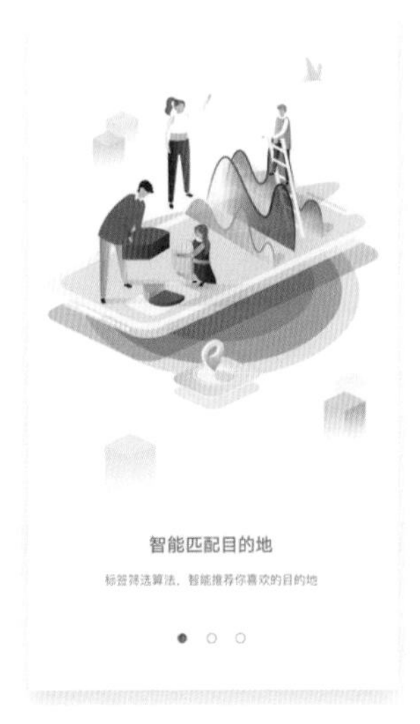

图 17-4　2.5D 启动页样例 2

一年主要节日

一月：元旦

二月：春节、情人节、元宵节

三月：植树节、妇女节

四月：愚人节、清明节

五月：劳动节、青年节、母亲节

六月：儿童节、端午节、父亲节

七月：党的生日

八月：建军节、七夕节、中元节

九月：教师节、中秋节

十月：国庆节、重阳节、万圣节

十一月：光棍节、感恩节

十二月：圣诞节

十二生肖：鼠、牛、虎、兔、龙、蛇、马、羊、猴、鸡、狗、猪

春节活动

回家（春运），祭祖，贴春联、福字、窗花，挂灯笼，年夜饭，拜年送礼，发压岁钱红包，穿新年服装，迎财神，舞龙舞狮子，放烟花鞭炮，孔明灯，猜灯谜，敲锣打鼓，堆雪人，看春晚，发微信红包，福袋，搓麻将，看戏，拜神，吃鸡。

新年启动页画面常用元素

吉祥物（十二生肖）、灯笼、福字、鞭炮烟花、花、剪纸、铜钱、金元宝、红包（钱包）、新装、舞狮舞龙、孔明灯、鱼、鼓、春联、祥云、花草、食物（馄饨、水果、鸡鸭鱼肉等）、扇子、吉祥结、发财树。

如图 17-5 和图 17-6 所示为节气运营启动页构图。

图 17-5　节气运营启动页构图 1

常用尺寸：750×1334（2~3倍尺寸）

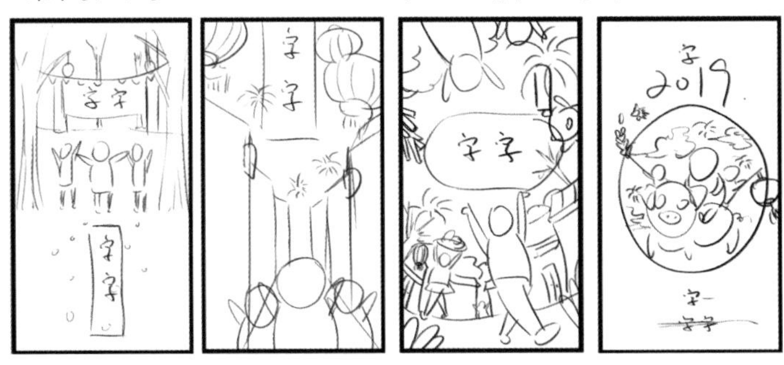

图 17-6　节气运营启动页构图 2

17.4　HTML5 推广活动页设计与弹窗设计

如图 17-7 所示为运营弹窗红包样例。

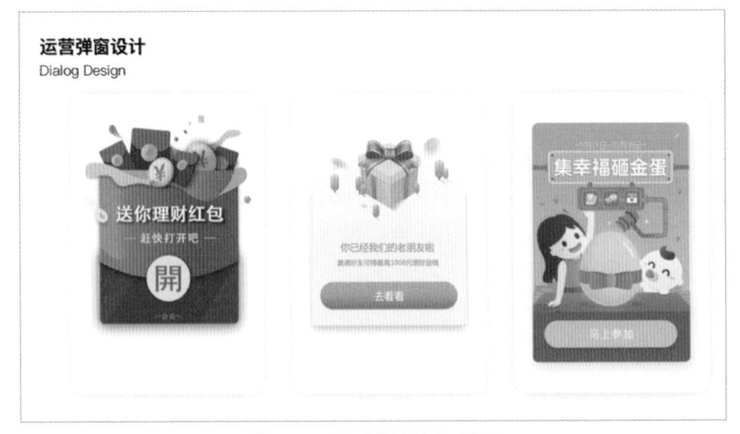

图 17-7　运营弹窗红包样例

17.5　MG 交互动效设计

UI 中需要加动效的地方如下。

1）需要等待的场景。

2）页面转场的场景。

3）响应操作后有变化的点。

4）需提醒用户注意的点。

5）对操作流程有提示作用的点。

小提示

容易犯的问题：过多的不必要的动效，造成资源浪费和满屏在动，花里胡哨。

如图 17-8 所示为动效常见转场设计。如图 17-9 所示为动效交付程序的 TIME LINE。

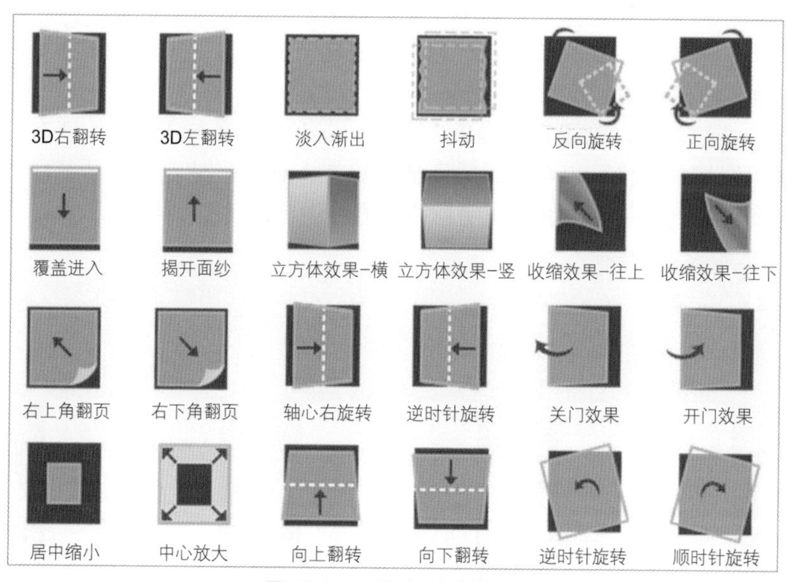

图 17-8　动效常见转场设计

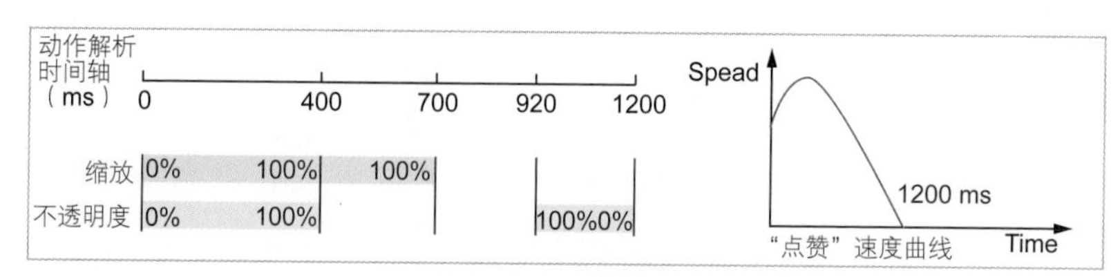

图 17-9　动效交付程序的 TIME LINE

我们常做动画的类型：位移的变化、旋转的变化、颜色的变化、尺寸的变化、透明度的变化、生长和裁切、空间透视的变化、一些滤镜效果。

交互动态特效可以做出的动画效果包括：

- 旋转缩放，入镜出镜；
- 压扁弹起，加速减速；
- 靠近离开，曲线运动；
- 透明度变化，移动停止；
- 跟随重叠，轮廓残影；
- 拉扯抵抗，抛物线运动；
- 模糊清晰和重力风力等。

具体演示教程请见视频。

◇◆17.6　吉祥物设计

吉祥物一般为卡通造型，一般为二头身或者三头身的卡通形象，注意如果有具体动物参考的需要画出动物的特征。设计的时候，最好设计三视图，即正视图、侧视图和后视图，以便于后期做成毛绒玩具等。

一般吉祥物表情，除了喜怒哀乐、惊讶、心心眼、瀑布汗等外，还有很多种，按照需求可以增加减少，也可以做成表情包用在 App 的发帖及社区功能中。吉祥物还可以用在 App 一些默认页 404 或者网络不通等设计上（图 17-10）。

图 17-10　吉祥物在 App 默认页中的应用

图 17-11、图 17-12 为 UEGOOD 看板娘 Q 版动作及三视图设计。

图 17-11　UEGOOD 看板娘 Q 版动作设计

图 17-12　UEGOOD 看板娘 Q 版三视图设计

第18章 UI作品集和常见面试40题

18.1 UI 作品集制作

1）尺寸建议 1280×720 像素。作品集有封面、封底，封面上要写上 UI DESIGN 和作品集打包时间及设计师名字，还有联系方式，最好手机、邮箱、微信、QQ 都写上，以便于用人单位用他们习惯的方式联系你，封底写上 THANK YOU，可以再写一次联系方式，不用让他人翻到封面查找联系方式。

2）第二页一般是个人履历，最好有个人照片，否则会影响面试机会。个人履历包括基础信息、学校专业及工作经历，应把公司名称、工作时间和工作内容简要地写一下。

3）作品分类

Icon Design 图标设计，2 ～ 3 套，如手机主题系统图标、拟物图标 1 ～ 2 个，MBE 风格及其他运营风格的图标 1 ～ 2 套。

App Design 手机应用设计 2 ～ 3 套，带交互及视觉最好是不同方向不同风格的。

Web Design 网页设计，最好包括企业官网、电商站、PC 后台、运营活动页。

Graphic Design 平面设计，包括 VI、LOGO、宣传册、三折页、吉祥物等。

Other Design 其他设计，包括扁平天气插画、噪点插画、C4D 作品等。

4）打包工具，可以用网上的 PDF 生成工具把排版好的图片打包成 PDF。也可以用 PPT 或者 Keynote 等软件做成带动效版本的。最好压缩到 10MB 内，便于邮箱投递。页数建议 50 ～ 100 页之间。

18.2 UI 常见面试 40 题

1）你为什么要做 UI？你之前不是这个专业的，怎么想起来做 UI 的？

2）请介绍一下你自己？你是怎么知道我们公司的？你对我们公司有什么了解？

3）你平时一般上什么网站？你收集了多少素材？你平时是怎么整理素材的？你一般去哪里找素材？

4）你是怎么决定一个产品的配色的？

5）你平时都用一些什么软件？

6）你做设计用 Windows 还是 MAC ？

7）整套产品的设计流程是怎么样的？

8）App 一般做几个尺寸？屏幕分别是什么像素？

9）切图标注一般用什么软件？切片命名规则是什么？一般出几套图？

10）PNG 的原理是什么？

11）你离开上家公司的原因是什么？

12）你对加班怎么看？

13）你有没有已上线项目？

14）你平时用哪些 App？
15）某款 App 在交互上有哪些优点？
16）你对用户体验的理解是什么？
17）你了解我们公司吗？
18）根据你自己最满意的一个作品，来说说你为什么这么设计？
19）如果你的设计程序员做不出来，让你大量改图怎么办？
20）你有没有参加过设计比赛？
21）你懂 HTML5 和 CSS3 吗？
22）你的职业发展目标是什么？你五年内的规划是什么样的？
23）iOS 和 Android 的 App 设计区别是什么？
24）什么叫 Web 响应式设计？
25）你会平面排版吗？一款 VI 设计需要注意什么？
26）你接到一个项目后，设计思路是怎么样的？
27）你一般设计一个 App 要多少时间？
28）什么是暖色？什么是冷色？什么是色相环、对比色、同类色？
29）一个电商网站的配色应该是怎样的？
30）一个 BANNER 的设计要素是什么？
31）我们公司的这款产品要改版，如果让你改，你会怎么改？
32）App 规范怎么做？ App 设计的时候需要注意什么？
33）如果公司培养你做产品经理你愿意吗？
34）你的手绘和 AE 动效好不好？
35）如果你的设计 BOSS 和客户不满意，你怎么办？
36）你对薪资期望值是怎么样的？
37）你工作的上家公司有多少人？公司主要经营什么业务？你做过些什么项目？
38）上家公司的设计部有多少人？你平时负责哪一块？
39）你不是设计专业的，你怎么才能保证你的设计比学院派的人好？
40）你觉得你自己的优势是什么？